I0058450

Abhandlungen
der Bayerischen Akademie der Wissenschaften
Mathematisch-naturwissenschaftliche Abteilung
Neue Folge. 3.
1929

Terrestrische Strahlenbrechung und Farbenzerstreuung

von

Martin Näbauer

Mit 10 Textfiguren

Vorgelegt am 12. Januar 1929

München 1929
Verlag der Bayerischen Akademie der Wissenschaften
in Kommission des Verlags R. Oldenbourg München

A. Ermittlung der lotrechten Strahlenbrechung schwach geneigter Sichten aus der atmosphärischen Farbenzerstreuung.

1. Allgemeine Grundlage der Theorie. Für *hinreichend steile*, d. h. für solche Sichten, welche mit den Flächen gleicher Brechungsquotienten keine allzu kleinen Winkel einschließen, kann man sowohl die terrestrische Gesamtrefraktion $\Delta\varphi_{1m}$ (Abb. 1) als auch ihre Teilbeträge ξ_1, ξ_m in den beiden Endpunkten P_1, P_m der Lichtkurve L in eine ziemlich einfache Beziehung zu der einer Beobachtung zugänglichen, atmosphärischen Farbenzerstreuung bringen. Begnügt man sich damit, jeweils nur das Hauptglied der genannten Refraktionsbeträge zu ermitteln, so kommt man ohne jede Hypothese und mit nur zwei

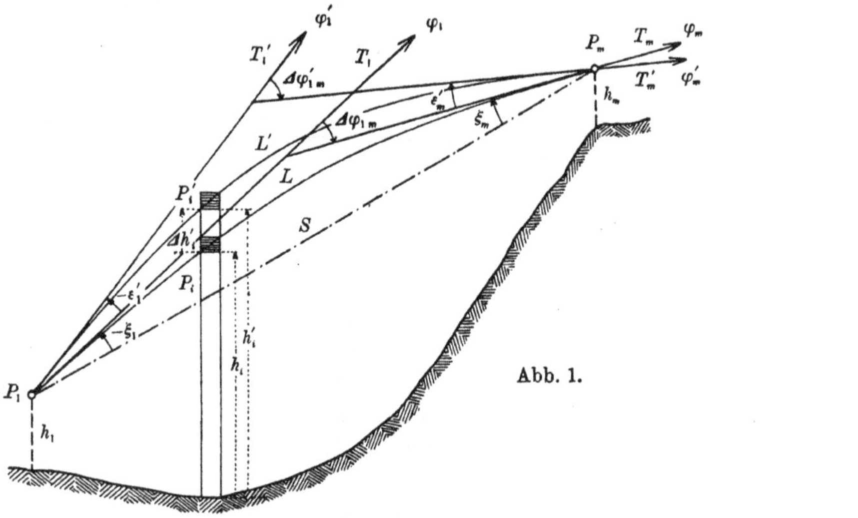

Abb. 1.

Strahlen L (Grundstrahl), L' (laufender oder Vergleichsstrahl) verschiedener Wellenlänge aus, deren gemessene Richtungsunterschiede ε_1' bzw. ε_m' einzeln auf die Teilbeträge ξ_1 bzw. ξ_m und im Zusammenhalt auf die Gesamtkrümmung $\Delta\varphi_{1m}$ führen. Dagegen braucht man drei verschiedenfarbige Strahlen L, L', L'' und eine rohe, plausible Annahme über die Luftschichtung, wenn — als Korrektionsglieder — auch noch die kleinen Größen zweiter Ordnung berücksichtigt werden sollen.

In einer früheren Abhandlung[1]) sind diese Verhältnisse ausführlich auseinandergesetzt und die Endergebnisse durch die Gleichungen (66) und (141) bzw. (108), (139), (140) darge-

[1]) M. Näbauer, *Strahlenablenkung und Farbenzerstreuung genügend steiler Sichten durch die Luft*, Abhandlungen d. Bayerischen Akademie d. Wissenschaften, mathem.-naturwissenschaftliche Abteilung, XXX. Band, 1. Abhandlung, München 1924.

stellt, je nachdem es sich jeweils nur um die Berechnung des Hauptgliedes der Refraktion oder auch noch um die Berücksichtigung der zugehörigen Korrektionsglieder handelt.

Versucht man, auf den gleichen Grundlagen *denselben Zusammenhang zwischen Strahlenbrechung und Farbenzerstreuung auch bei den für die Geodäsie so überaus wichtigen ganz schwach geneigten* oder gar horizontalen Sichten nachzuweisen, so werden die Verhältnisse unübersichtlich und zwingende Schlüsse sind nicht mehr möglich. Insbesondere ist der Verlauf der in den Entwicklungen vernachlässigten kleinen Glieder höherer Ordnung, welche die trigonometrische Tangente des Einfallswinkels enthalten, nicht mehr zu überblicken und die dort aufgestellten und in den Gleichungen (100) und (101) zur Ableitung der Korrektionsglieder zusammengetragenen Hilfsbeziehungen werden bei der stark anwachsenden Entfernung entsprechender Strahlenpunkte recht unsicher. Zudem kann es — z. B. bei horizontalen Strahlen — vorkommen, daß der Grundstrahl L gar nicht alle diejenigen Schichten durchläuft, welche der laufende Strahl L' durcheilt.

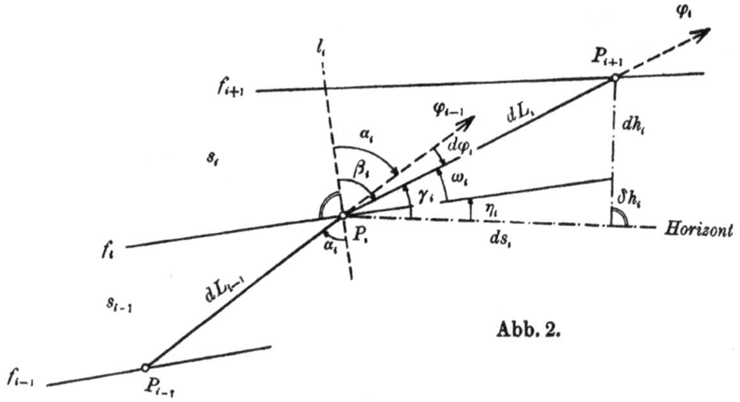

Abb. 2.

So scheinen die Aussichten für die Bestimmung der Refraktion schwach geneigter Sichten aus der Farbenzerstreuung recht mißliche zu sein. Glücklicherweise kommt uns aber bei allen praktischen Fällen ein Umstand zu Hilfe, welcher bei der Steilsichtentheorie als gänzlich entbehrlich nicht benützt worden ist.

Die Endpunkte P_1, P_m einer trigonometrischen Sicht L und eines Vergleichsstrahles L', von denen bei einseitigen Beobachtungen P_1 der Zielpunkt, P_m der Beobachtungsort sein soll, liegen notwendigerweise ganz in der Nähe der Erdoberfläche in vielfach gestörten Luftschichten, während die mittleren Teile von L und L' in größeren Abständen vom Boden in Luftschichten hinstreichen, die dem Einfluß der Geländeunregelmäßigkeiten nicht mehr so unmittelbar ausgesetzt sind. Zwischen zwei lotrecht übereinander liegenden Punkten P_i (Grundpunkt), P'_i auf L und L', welche durchwegs als *zugeordnete Punkte* bezeichnet werden sollen, wird man daher zwar nicht einen vollkommen gleichartigen Luftzustand aber doch auch *nur geringe Unterschiede und einen einfachen gesetzmäßigen Wechsel des Luftzustandes in vertikaler Richtung* voraussetzen dürfen: gegen die Strahlenenden zu, weil hier die Abstände der zugeordneten Punkte außerordentlich klein sind und für die Mittelstücke mit den weiter abstehenden zugeordneten Punkten, weil sie beträchtlich größere

Bodenabstände besitzen, d. h. in nur wenig gestörten Schichten verlaufen. Diese Verhältnisse gelten natürlich auch dann noch, wenn ein weiterer Vergleichsstrahl L'' und damit ein weiterer zugeordneter Punkt P''_i hinzutritt.

Die soeben begründete Annahme sowie der Umstand, daß die Flächen gleicher Brechungsquotienten in ganz grober Annäherung horizontal verlaufen, bilden die Grundlage der folgenden Entwicklungen.

2. Differentialausdruck der Strahlenbrechung einer schwach geneigten Sicht. Durch die Endpunkte P_{i-1}, P_i, P_{i+1} (Abb. 2) der beiden Strahlenelemente dL_{i-1}, dL_i denken wir uns die Flächen f_{i-1}, f_i, f_{i+1} gleicher absoluter Brechungsquotienten n_{i-1}, n_i, n_{i+1} gelegt und die Abstände so klein bemessen, daß auf die Längen dL_{i-1}, dL_i in den entstandenen Schichten s_{i-1} bzw. s_i jeweils gleichartige Verhältnisse innerhalb ein und derselben Schicht herrschen. Der unendlich kleine Zuwachs des absoluten Brechungsquotienten n_i von f_i bis f_{i+1} ist

$$dn_i = n_{i+1} - n_i. \tag{1}$$

Ihm entspricht in P_i eine unendlich kleine Richtungsablenkung

$$d\varphi_i = \varphi_i - \varphi_{i-1} \tag{2}$$

des Strahlenelementes dL_i mit der Richtung φ_i gegen das vorhergehende Element dL_{i-1} mit der Richtung φ_{i-1}. Ihr analytischer Ausdruck lautet

$$-d\varphi_i = \frac{dn_i}{n_i} \operatorname{tg} a_i = \frac{dn_i}{n_i} \operatorname{ctg} \omega_i \tag{3}$$

$$= \operatorname{tg} a_i \cdot \operatorname{dlg} n_i = \operatorname{ctg} \omega_i \cdot \operatorname{dlg} n_i, \tag{4}$$

wenn a_i den Einfallswinkel und $\omega_i = 90^0 - a_i$ den Schnittwinkel des Strahles L mit der Begrenzungsfläche f_i bedeutet.

Da sich bei den hier in Frage kommenden Luftschichten n_i von 1 höchstens um 0,0003 unterscheiden kann, so läßt sich die strenge Gleichung (3) bis auf einen relativen Fehler von höchstens 1 : 3000 auch durch die etwas einfachere Beziehung

$$-d\varphi_i = dn_i \operatorname{ctg} \omega_i \tag{5}$$

ersetzen. In das für die ganze spätere Entwicklung maßgebende Verhältnis $d\varphi'_i : d\varphi_i$, worin $d\varphi_i$ zum Strahl L' und zum Brechungsquotienten n'_i gehört, geht nur ein geringer Bruchteil des erwähnten Fehlers ein. Dieses Verhältnis enthält nach (3) den Quotienten $n_i : n_i$, welcher bei der getroffenen Vereinfachung gleich 1 gesetzt wird. Dadurch entsteht ein relativer Fehler $n'_i - n_i$, der mit Rücksicht auf die praktischen Möglichkeiten (Wellenlängen unter 0,3 μ kommen wegen der starken Undurchlässigkeit der Luft für solche Strahlen kaum ernsthaft in Betracht) unter 1 : 30000 zu schätzen ist und für die vorliegende Untersuchung immer vernachlässigt werden darf.

Nun ist der Schnittwinkel

$$\omega_i = \gamma_i - \eta_i \tag{6}$$

die Differenz zwischen der Strahlenneigung γ_i (Höhenwinkel des Strahles) und der Schichtneigung η_i im Punkte P_i. Damit wird der letzte in (5) enthaltene Faktor

$$\operatorname{ctg} \omega_i = \frac{1}{\operatorname{tg}(\gamma_i - \eta_i)} = \frac{1 + \operatorname{tg} \gamma_i \operatorname{tg} \eta_i}{\operatorname{tg} \gamma_i - \operatorname{tg} \eta_i}. \tag{7}$$

Unter Verwendung der Horizontalprojektion ds_i des Bogenelementes dL_i und der in der Lotrichtung gemessenen schiefen Schichtdicke dh_i ergibt sich aus Abb. 2

$$dh_i = ds_i (\operatorname{tg} \gamma_i - \operatorname{tg} \eta_i); \tag{8}$$

also ist

$$\operatorname{tg} \gamma_i - \operatorname{tg} \eta_i = \frac{dh_i}{ds_i}. \tag{9}$$

Setzt man (9) in (7) und dieses hierauf in (5) ein, so folgt für das Ablenkungsdifferential der Ausdruck

$$-d\varphi_i = ds_i (1 + \operatorname{tg} \gamma_i \operatorname{tg} \eta_i) \frac{dn_i}{dh_i}. \tag{10}$$

Mit der Abkürzung

$$\nu_i = -\frac{dn_i}{dh_i} \tag{11}$$

für das *Brechungsgefälle* im Lot[1]) in P_i erscheint (10) in der Form

$$d\varphi_i = \nu_i (1 + \operatorname{tg} \gamma_i \operatorname{tg} \eta_i) ds_i. \tag{12}$$

Bis hieher ist über die Größe der Neigungen γ_i, η_i noch keine Einschränkung getroffen worden, so daß Gleichung (12) noch allgemeine Giltigkeit besitzt.

Für die vorliegende Aufgabe kommen nur kleine Neigungen γ_i, η_i in Betracht, so daß es nahe liegt, die trigonometrischen Tangenten dieser Winkel in Reihen zu entwickeln. So erhält man für das in (12) enthaltene Produkt $\operatorname{tg} \gamma_i \operatorname{tg} \eta_i$ den Ausdruck

$$\operatorname{tg} \gamma_i \operatorname{tg} \eta_i = \gamma_i \eta_i + \tfrac{1}{3} (\gamma_i \eta_i^3 + \eta_i \gamma_i^3) + \ldots, \tag{13}$$

dessen letztes Glied neben 1 vernachlässigt werden darf. Aus (12) ergibt sich also das Ablenkungsdifferential

$$d\varphi_i = \nu_i (1 + \gamma_i \eta_i) ds_i, \tag{14}$$

dessen relativer Fehler infolge der begangenen Vernachlässigung selbst dann noch unter 1 : 3000 bleibt, wenn die Absolutwerte von γ_i und η_i beide den großen Betrag von 8° annehmen sollten. Auch dieser Fehler geht in das Verhältnis $d\varphi_i' : d\varphi_i$ nur mit einem geringen Bruchteil ein, so daß auch er für unsere Zwecke nicht weiter beachtet werden soll.

Noch geringer ist der relative Fehler der Beziehung

$$ds_i = dL_i \cos \gamma_i = dL_i (1 - \tfrac{1}{2} \gamma_i^2), \tag{15}$$

deren Einführung in (14) den Ausdruck

$$d\varphi_i = \nu_i \{1 + \gamma_i (\eta_i - \tfrac{1}{2} \gamma_i)\} dL_i \tag{16}$$

ergibt. Beachtet man ferner, daß

$$\gamma_i = \eta_i + \omega_i, \qquad \eta_i - \tfrac{1}{2} \gamma_i = \tfrac{1}{2} (\eta_i - \omega_i) \tag{17}$$

ist, so erscheint (16) in der Gestalt

$$d\varphi_i = \nu_i \{1 + \tfrac{1}{2} (\eta_i^2 - \omega_i^2)\} dL_i. \tag{18}$$

---

[1]) Bei der in Anm. 1 S. 4 genannten Steilsichtentheorie hatte ν die Bedeutung eines relativen Brechungsquotienten.

Die beiden Formen (14) und (18) für $d\varphi_i$ zeigen, *daß das Ablenkungsdifferential einer schwach geneigten Sicht im Hauptgliede sowohl von der Schichtneigung wie auch von der Strahlenneigung, also auch vom Strahlenschnittwinkel unabhängig ist* und Gl. (18) ergibt für $\omega_i = 0$ den bekannten Satz, *daß die in der Schichtrichtung streifende Sicht am stärksten gekrümmt ist.*

Der aus (18) folgende Krümmungshalbmesser der Lichtkurve in P_i wird

$$R_i = \frac{d L_i}{d \varphi_i} = \frac{1}{\nu_i \{1 + \frac{1}{2}(\eta_i^2 - \omega_i^2)\}}; \tag{19}$$

den gleichen Genauigkeitsgrad besitzt der Ausdruck

$$R_i = \frac{1}{\nu_i} \{1 - \tfrac{1}{2}(\eta_i^2 - \omega_i^2)\}. \tag{20}$$

3. Physikalischer Ausdruck für das Brechungsgefälle. Nunmehr ist der physikalische Ausdruck für das Brechungsgefälle ν aus der Luftbeschaffenheit herzuleiten. Betrachtet man vorerst die Luft als ein einheitliches Gas, welches bei Punkt P_i in der Schicht s_i die Dichte ϑ_i besitzt, so ist nach dem Gesetz von Arago

$$n_i - 1 = b \cdot \vartheta_i. \tag{21}$$

Der Festwert b gibt das spezifische Brechungsvermögen der Luft an. Zu bestimmten Ausgangswerten B_0, T_0 des Luftdrucks und der Lufttemperatur gehört ein Dichtewert ϑ_0 und der absolute Brechungsquotient n_i^0. Die allgemeinere Beziehung (21) liefert für das Wertepaar ϑ_0, n_i^0 die besondere Gleichung

$$n_i^0 - 1 = b \cdot \vartheta_0 \tag{22}$$

und nunmehr folgt aus der Division (21) : (22)

$$n_i - 1 = \frac{\vartheta_i}{\vartheta_0} (n_i^0 - 1). \tag{23}$$

Einem Wechsel $d\vartheta_i$ der Luftdichte entspricht daher im Brechungsquotienten n_i die Änderung

$$dn_i = b \cdot d\vartheta_i. \tag{24}$$

Nach dem Gesetz von Mariotte-Gaylussac ist die Gasdichte der Ausdruck

$$\vartheta_i = \frac{B_i}{B_0} \cdot \frac{T_0}{T_i} \cdot \vartheta_0, \tag{25}$$

wenn B_0, B_i und T_0, T_i die Drücke und die absoluten Temperaturen sind, welche zu den Dichtewerten ϑ_0 und ϑ_i gehören. Ersetzt man in (23) den Quotienten $\vartheta_i : \vartheta_0$ durch den hiefür aus (25) folgenden Ausdruck, so wird

$$n_i - 1 = \frac{B_i}{B_0} \cdot \frac{T_0}{T_i} (n_i^0 - 1). \tag{26}$$

Beim Übergang von der Schicht s_{i-1} zur unendlich benachbarten s_i ändern sich ϑ_i, B_i, T_i um die Beträge $d\vartheta_i$, dB_i und dT_i. Aus (25) folgt somit, da die Ausgangswerte ϑ_0, B_0, T_0 als Festwerte zu betrachten sind, die Dichteänderung

$$d\vartheta_i = \vartheta_i \left\{\frac{dB_i}{B_i} - \frac{dT_i}{T_i}\right\}. \tag{27}$$

Versteht man unter dem *Druckgefälle* π_i und dem *Temperaturgefälle* τ_i im Punkte P_i die Abnahme des Luftdrucks B_i und der Temperatur T_i für eine Höhenzunahme gleich der Längeneinheit, so ist

$$\pi_i = -\frac{dB_i}{dh_i}, \qquad \tau_i = -\frac{dT_i}{dh_i}. \tag{28}$$

Durch Einsetzen der hieraus folgenden Werte

$$dB_i = -\pi_i\, dh_i, \qquad dT_i = -\tau_i\, dh_i \tag{29}$$

in (27) ergibt sich die Dichteänderung

$$d\vartheta_i = -\vartheta_i \left\{\frac{\pi_i}{B_i} - \frac{\tau_i}{T_i}\right\} dh \tag{30}$$

und damit folgt aus (11) und (24) sogleich der *physikalische Ausdruck für das Brechungsgefälle* ν_i in P_i, nämlich

$$\nu_i = -\frac{dn_i}{dh_i} = b \cdot \vartheta_i \left\{\frac{\pi_i}{B_i} - \frac{\tau_i}{T_i}\right\} \tag{31}$$

oder wegen (21) und (26)

$$\nu_i = (n_i - 1)\left\{\frac{\pi_i}{B_i} - \frac{\tau_i}{T_i}\right\} = \frac{B_i}{B_0} \cdot \frac{T_0}{T_i}(n_i^0 - 1)\left\{\frac{\pi_i}{B_i} - \frac{\tau_i}{T_i}\right\}. \tag{32}$$

Wird dieses Ergebnis in (14) eingesetzt, so erhält man den *physikalischen Ausdruck des Differentiales der Strahlenbrechung*

$$d\varphi_i = b \cdot \vartheta_i \left\{\frac{\pi_i}{B_i} - \frac{\tau_i}{T_i}\right\}(1 + \gamma_i \eta_i)\, ds_i \tag{33}$$

$$= (n_i - 1)\left\{\frac{\pi_i}{B_i} - \frac{\tau_i}{T_i}\right\}(1 + \gamma_i \eta_i)\, ds_i = \frac{B_i}{B_0} \cdot \frac{T_0}{T_i}(n_i^0 - 1)\left\{\frac{\pi_i}{B_i} - \frac{\tau_i}{T_i}\right\}(1 + \gamma_i \eta_i)\, ds_i \tag{34}$$

für das Bogenelement der Lichtkurve.

Der *örtliche Krümmungshalbmesser* R_i der Lichtkurve in P_i ergibt sich unter Beachtung von (19) und (32) aus

$$\frac{1}{R_i} = (n_i - 1)\left\{\frac{\pi_i}{B_i} - \frac{\tau_i}{T_i}\right\} \cdot [1 + \tfrac{1}{2}(\eta_i^2 - \omega_i^2)] = \frac{B_i}{B_0} \cdot \frac{T_0}{T_i}(n_i^0 - 1)\left\{\frac{\pi_i}{B_i} - \frac{\tau_i}{T_i}\right\}[1 + \tfrac{1}{2}(\eta_i^2 - \omega_i^2)]. \tag{35}$$

Die Gleichungen (31) bis (34) gelten für den ganzen Strahl L, solange man die Luft an allen Stellen desselben als ein einheitliches Gas betrachten darf. *In Wirklichkeit ist sie ein Gasgemenge*, dessen prozentuale Zusammensetzung längs einer trigonometrischen Sicht nahezu unverändert bleibt. Um später die Brechungsverhältnisse in den lotrecht übereinander liegenden zugeordneten Elementen mehrerer Strahlen mit hinreichender Zuverlässigkeit vergleichen zu können ist es trotzdem ratsam, das Brechungsgefälle und das Ablenkungsdifferential so darzustellen, wie sie sich aus der zusammengesetzten Natur der Luft ergeben.

Die trockene Luft der hier in Betracht kommenden unteren Schichten besteht aus etwa 78 Raumprozent Stickstoff, 21% Sauerstoff und 1% Argon; dazu kommen etwa 0,03% Kohlensäure sowie Kohlenoxyd, Ammoniak und einige andere Gase in ganz belanglosen Mengen. In Wirklichkeit enthält die Luft auch noch einen wechselnden Gehalt an

Wasserdampf, der in unseren Breiten im Durchschnitt 1 Raumprozent für die Dampfdichte 0,63 betragen mag.

Im einzelnen werden zu den r Bestandteilen $L_1, L_2, \ldots L_r$ der Luft an der Stelle P_i folgende Größen gehören:

Volumanteile in der Raumeinheit	$v_{1i}, v_{2i}, \ldots v_{ri}$,	(36)
spezifische Brechungsvermögen	$b_1, b_2, \ldots b_r$,	
Dichte zum Luftdruck B_i und zur Temperatur T_i	$\vartheta_{1i}, \vartheta_{2i}, \ldots \vartheta_{ri}$,	
„ „ „ B_0 „ „ „ T_0	$\vartheta_{10}, \vartheta_{20}, \ldots \vartheta_{r0}$,	
Brechungsquotienten zu B_i und T_i	$n_{1i}, n_{2i}, \ldots n_{ri}$,	
„ „ B_0 und T_0	$n_{10}, n_{20}, \ldots n_{r0}$.	

Mit diesen Bezeichnungen ergibt sich der absolute Brechungsquotient n_i der Luft nach der sog. *Mischungsregel* aus der Beziehung

$$n_i - 1 = \{v_{1i}(n_{1i}-1) + v_{2i}(n_{2i}-1) + \cdots + v_{ri}(n_{ri}-1)\}(1+G_1^1) = (1+G_1^1)\left\{\sum_{e=1}^{r} v_{ei}(n_{ei}-1)\right\}. \quad (37)$$

Diese Mischungsregel ist zwar in sehr großer Annäherung aber doch nicht in aller Strenge additiv[1]). Deshalb ist zur Vorsicht in (37) der Faktor $(1+G_1^1)$ beigefügt, in dem G_1^1 eine kleine Größe erster Ordnung bedeutet. Ihr Fußzeiger soll darauf hinweisen, daß es sich bei G_1^1 um eine ganz bestimmte, wenn auch unbekannt bleibende Größe handelt.

Aus (37) folgt der zu B_0 und T_0 gehörige Brechungsquotient n_i^0 der Luft bei P_i, nämlich

$$n_i^0 - 1 = (1+G_1^1) \cdot \sum_{e=1}^{r} v_{ei}(n_{e0} - 1). \quad (38)$$

Bringt man (37) unter Beachtung von (26) auf die Form

$$n_i - 1 = \frac{B_i}{B_0} \cdot \frac{T_0}{T_i} (1+G_1^1) \sum_{e=1}^{r} v_{ei}(n_{e0} - 1), \quad (39)$$

so führt ein Vergleich mit (38) auf die dem Ausdruck (26) entsprechende und äußerlich damit übereinstimmende, einfache Beziehung

$$n_i - 1 = \frac{B_i}{B_0} \cdot \frac{T_0}{T_i} (n_i^0 - 1). \quad (40)$$

Werden in (37) auf Grund der Gl. (21) die Ausdrücke $n_{ei} - 1$ durch die Produkte $b_e \vartheta_{ei}$ ersetzt, so erscheint die Beziehung

$$n_i - 1 = (1+G_1^1) \sum_{e=1}^{r} v_{ei} \cdot \vartheta_{ei} \cdot b_e. \quad (41)$$

Auf dem gleichen Wege, der von (21) nach (31) und (33) geführt hat, ergeben sich nunmehr aus (41) die *der zusammengesetzten Natur der Luft entsprechenden physikalischen Ausdrücke*

$$\nu_i = \left\{\frac{\pi_i}{B_i} - \frac{\tau_i}{T_i}\right\}(1+G_1^1)\sum_{e=1}^{r} v_{ei} \cdot b_e \cdot \vartheta_{ei} = \left\{\frac{\pi_i}{B_i} - \frac{\tau_i}{T_i}\right\}(n_i - 1) = \frac{B_i}{B_0} \cdot \frac{T_0}{T_i}\left\{\frac{\pi_i}{B_i} - \frac{\tau_i}{T_i}\right\}(n_i^0 - 1) \quad (42)$$

[1]) Ramsay W. und Travers M. W. zeigen in der Abhandlung *Über die Lichtbrechung von Luft, Sauerstoff, Stickstoff, Argon, Wasserstoff und Helium*, Zeitschrift für physikalische Chemie, 25. Bd., Leipzig 1898, daß nach ihren Versuchen für Luft die additive Beziehung um rund 0,3% zu kleine Werte ergibt.

für das *Brechungsgefälle* bzw.

$$d\varphi_i = (n_i - 1)\cdot\left\{\frac{\pi_i}{B_i} - \frac{\tau_i}{T_i}\right\}(1+\gamma_i\eta_i)\,ds_i = \frac{B_i}{B_0}\cdot\frac{T_0}{T_i}(n_i^0 - 1)\left\{\frac{\pi_i}{B_i} - \frac{\tau_i}{T_i}\right\}(1+\gamma_i\eta_i)\,ds_i \qquad (43)$$

für die *Strahlenablenkung des Bogenelements.* Man darf sich bei dieser Ableitung den Umstand nicht entgehen lassen, daß die Temperatur aller Luftbestandteile mit der Lufttemperatur übereinstimmt und jedes Verhältnis $B_{e\,i} : B_{e\,0}$ durch das der Luft entsprechende Verhältnis $B_i : B_0$ ersetzt werden darf.

Nach (19) und (42) folgt für den reziproken örtlichen Krümmungshalbmesser der Lichtkurve in P_i der Ausdruck

$$\frac{1}{R_i} = (n_i - 1)\left\{\frac{\pi_i}{B_i} - \frac{\tau_i}{T_i}\right\}\cdot[1+\tfrac{1}{2}(\eta_i^2 - \omega_i^2)] = \frac{B_i}{B_0}\cdot\frac{T_0}{T_i}(n_i^0 - 1)\cdot\left\{\frac{\pi_i}{B_i} - \frac{\tau_i}{T_i}\right\}[1+\tfrac{1}{2}(\eta_i^2 - \omega_i^2)]. \qquad (44)$$

Er stimmt mit dem entsprechenden für ein einfaches Gas gefundenen Ausdruck (35) vollständig überein. Entsprechendes gilt auch für die Gleichungen (42), (43) und (32), (34).

Für 0° Celsius, 760 mm Luftdruck, $n_i^0 = 1{,}000\,293$, ein Druckgefälle von 0,094 mm auf 1 m und den Erdhalbmesser $r = 6\,370$ km ergibt sich bei wagrechter Sicht aus (44) der bekannte rohe *Überschlagswert für den örtlichen Refraktionskoeffizienten,* nämlich

$$\varkappa_i^0 = r : R_i \approx 0{,}23 - 6{,}8\,\tau_i. \qquad (45)$$

Anscheinend läßt sich aber die Strahlenbrechung von Sichten, die in ihrem ganzen Verlauf nur 1—2 m über dem Boden liegen, durch den Ausdruck (45) nicht genügend darstellen.[1])

4. Das Ablenkungsdifferential in zwei zugeordneten Strahlenpunkten. Für das Brechungsdifferential $d\varphi_i$ des Strahles L von der Wellenlänge λ in P_i wurde der Ausdruck (43) gefunden. Im zugeordneten Punkte P_i' (Abb. 1) des Strahles L' von der Wellenlänge λ' erfährt L' die entsprechende Ablenkung

$$d\varphi_i' = \frac{B_i'}{B_0}\cdot\frac{T_0}{T_i'}('n_i^0 - 1)\left\{\frac{\pi_i'}{B_i'} - \frac{\tau_i'}{T_i'}\right\}(1+\gamma_i'\eta_i')\,ds_i, \qquad (46)$$

welche in eine möglichst einfache Beziehung zu $d\varphi_i$ gebracht werden soll. In (46) ist $'n_i^0$ der für B_0, T_0 zur Wellenlänge λ' in P_i' gehörige Brechungsquotient während $n_i'^0$ den gleichen Werten B_0, T_0, λ' in P_i entspricht.

Die zugeordneten Punkte P_i, P_i' besitzen die Bodenhöhen h_i, h_i' (Abb. 1), welche sich nur um einen geringen Betrag $\Delta h_i'$ unterscheiden, so daß es zulässig erscheint, die gestrichenen Größen des Ausdrucks (46) mit den analogen Werten für P_i durch folgende einfache Beziehungen zu verknüpfen:

$$T_i' = T_i + \Delta T_i' = T_i + c_{1\,i}\,\Delta h_i' + c_{2\,i}\,\Delta h_i'^2, \qquad (47)$$

$$B_i' = B_i + \Delta B_i' = B_i + c_{3\,i}\,\Delta h_i', \qquad (48)$$

$$\eta_i' = \eta_i + \Delta\eta_i' = \eta_i + c_{4\,i}\,\Delta h_i', \qquad (49)$$

$$\gamma_i' = \gamma_i + \Delta\gamma_i' = \gamma_i + c_{5\,i}\,\Delta h_i'. \qquad (50)$$

[1]) Siehe Kohlmüller Franz, *Zur Refraktion im Nivellement,* München 1912, S. 89 und 100.

Aus (47) ergibt sich das Temperaturgefälle

$$\tau_i' = -\frac{dT_i'}{dh} = -c_{1i} - 2c_{2i}\Delta h_i' = \tau_i - 2c_{2i}\Delta h_i' \tag{51}$$

im Punkte P_i', während aus (48) das zwischen P_i und P_i' konstante Druckgefälle

$$\pi_i' = -c_{3i} = \pi_i \tag{52}$$

hervorgeht.

Auch das zu P_i' gehörige $'n_i^0$ wird sich von dem zu P_i gehörigen Werte $n_i'^0$ um einen allerdings sehr geringen Wert unterscheiden, weil die Luftzusammensetzung in beiden zugeordneten Punkten nicht vollkommen übereinstimmt. Nach Gl. (38) gilt in P_i

$$n_i'^0 - 1 = \{v_{1i}(n_{10}' - 1) + v_{2i}(n_{20}' - 1) + \ldots\}(1 + G_1^1) \tag{53}$$

und in P_i'

$$'n_i^0 - 1 = \{v_{1i}'(n_{10}' - 1) + v_{2i}'(n_{20}' - 1) + \ldots\}(1 + G_1^1), \tag{54}$$

wenn v_{1i}', v_{2i}', ... die Raumanteile der einzelnen Luftbestandteile in P_i' bedeuten. Die Änderung der Raumanteile v_{ei} von P_i bis P_i' kann für den kleinen Abstand $\Delta h_i'$ völlig ausreichend linear angesetzt werden; es ist also

$$v_{1i}' = v_{1i} + c_{7i}\Delta h_i', \quad v_{2i}' = v_{2i} + c_{8i}\Delta h_i', \quad \ldots.. \tag{55}$$

Durch Einsetzen dieser Ausdrücke in (54) folgt

$$'n_i^0 - 1 = \{v_{1i}(n_{10}'-1) + v_{2i}(n_{20}'-1) + \ldots\}(1 + G_1^1) + [c_{7i}(n_{10}'-1) + c_{8i}(n_{20}'-1) + \ldots]\Delta h_i' \tag{56}$$

$$= \qquad (n_i'^0 - 1) \qquad + [c_{7i}(n_{10}'-1) + c_{8i}(n_{20}'-1) + \ldots]\Delta h_i' \tag{57}$$

$$= (n_i'^0 - 1)\left\{1 + \left(c_{7i}\frac{n_{10}'-1}{n_i'^0-1} + c_{8i}\frac{n_{20}'-1}{n_i'^0-1} + c_{9i}\frac{n_{30}'-1}{n_i'^0-1} + \ldots..\right)\Delta h_i'\right\}. \tag{58}$$

Nunmehr ist die wichtige Frage zu prüfen, ob die in (58) enthaltenen Quotienten $(n_{10}'-1):(n_i'^0-1)$, $(n_{20}'-1):(n_i'^0-1)$, ... von der Wellenlänge λ' unabhängig sind. Mittels der Dispersionsformeln[1]) für

$$\begin{array}{lll} \text{Luft} \ldots\ldots & (n-1)\,10^7 & = 2903{,}1 + 3{,}80\,\lambda^{-2} + 1{,}23\,\lambda^{-4}, \\ \text{Stickstoff} \ldots & \quad " & = 2941 + 3{,}81\,\lambda^{-2} + 1{,}21\,\lambda^{-4}, \\ \text{Sauerstoff} \ldots & \quad " & = 2697{,}4 + 3{,}72\,\lambda^{-2} + 1{,}26\,\lambda^{-4}, \\ \text{Argon} \ldots. & \quad " & = 2757 + 18{,}7\,\lambda^{-2}, \\ \text{Wasserdampf} \ldots & \quad " & = 2454{,}7 + 21{,}66\,\lambda^{-2}, \end{array} \tag{59}$$

welche λ in μ enthalten, kann man für verschiedene Wellenlängen die der Luft entsprechenden Werte $n_i'^0 - 1$ sowie die entsprechenden Größen $n_{1i}^0 - 1$, $n_{2i}^0 - 1$, ... der wichtigsten Luftbestandteile Stickstoff, Sauerstoff, Argon und Wasserdampf berechnen.

---

[1]) Die Formeln für die drei erstgenannten Gase siehe bei H. Clayton Rentschler, *Bestimmung des Brechungsindex von Gasen für verschiedene Wellenlängen*, Astrophys. Journ. 1908 S. 345. Sie sind aus Beobachtungen zwischen 0,577 μ und 0,334 μ gefunden worden. Die für Argon und Wasserdampf angegebenen Ausdrücke sind rohe Näherungsformeln, welche aus Beobachtungen zu den Wellenlängen 0,644 μ und 0,480 μ bzw. 0,671 μ und 0,478 μ abgeleitet worden sind. Die Unterlagen siehe bei Loria St., *Die Lichtbrechung in Gasen als physikalisches und chemisches Problem*, Braunschweig 1914, S. 52 und 59.

Sie sind in Tab. 1 in Einheiten von 10^{-7} zusammengestellt; unmittelbar darunter stehen jeweils die entsprechenden, zu untersuchenden Quotienten $(n_{1i}^0 - 1) : (n_i'^0 - 1)$, $(n_{2i}^0 - 1) : (n_i'^0 - 1), \ldots$, deren Maximaldifferenzen D in einer letzten Spalte ausgewiesen sind. Innerhalb des in Frage kommenden Wellenbereiches werden die Quotienten von der Wellenlänge so wenig beeinflußt, daß man in Gl. (58) das auf 1 folgende Korrektionsglied als eine von λ' unabhängige Größe betrachten darf. Der Inhalt der Rundklammer von (58) kann daher lediglich als eine Funktion des Ortes P_i bzw. des dort herrschenden Zustandes ausgedrückt werden; es ist also

$$c_{7i} \frac{n_{10}' - 1}{n_i'^0 - 1} + c_{8i} \frac{n_{20}' - 1}{n_i'^0 - 1} + \ldots\ldots = c_{6i}. \tag{60}$$

Mit dieser Abkürzung nimmt (58) die Form

$$'n_i^0 - 1 = (n_i'^0 - 1)\{1 + c_{6i}\,\Delta h_i'\} \tag{61}$$

an.

Tab. 1.

Gas	Wellenlänge in μ							D in %
	0,7	0,6	0,5	0,4	0,35	0,3	0,25	
Luft	2916	2923	2938	2975	3016	3097	3279	.
Stickstoff . . .	2954	2961	2975	3012	3053	3133	3312	
	1,013	1,012	1,011	1,013	1,011	1,011	1,009	0,4
Sauerstoff . . .	2710	2718	2732	2770	2812	2894	3080	
	0,930	0,931	0,930	0,931	0,932	0,934	0,939	1,0
Argon . . .	2795	2809	2832	2874	2910	2965	3057	
	0,959	0,962	0,964	0,965	0,965	0,957	0,933	3,3
Wasserdampf . .	2500	2515	2541	2590	2631	2695	2801	
	0,857	0,860	0,864	0,870	0,872	0,871	0,855	2,0

Das in (61) enthaltene Glied $c_{6i}\,\Delta h_i'$ ist auf seine Größenordnung hin zu untersuchen. Mit Rücksicht auf (60) und (55) wird

$$c_{6i}\,\Delta h_i' = (v_{1i}' - v_{1i}) \frac{n_{10}' - 1}{n_i'^0 - 1} + (v_{2i}' - v_{2i}) \frac{n_{20}' - 1}{n_i'^0 - 1} + \ldots\ldots \tag{62}$$

$$= \frac{(v_{1i}' - v_{1i})(n_{10}' - 1) + (v_{2i}' - v_{2i})(n_{20}' - 1) + \ldots}{n_i'^0 - 1}. \tag{63}$$

Ersetzt man noch den Nenner von (63) durch (53), so folgt

$$c_{6i}\,\Delta h_i' = \frac{(v_{1i}' - v_{1i})(n_{10}' - 1) + (v_{2i}' - v_{2i})(n_{20}' - 1) + (v_{3i}' - v_{3i})(n_{30}' - 1) + \ldots}{\{v_{1i}(n_{10}' - 1) + v_{2i}(n_{20}' - 1) + v_{3i}(n_{30}' - 1) + \ldots\}(1 + G_i^1)}. \tag{64}$$

Da im Zähler und Nenner dieses Ausdrucks gleich viele Glieder stehen, welche sich wie die Differenzen $v_{ei}' - v_{ei}$ der Raumanteile zu den Raumanteilen v_{ei} verhalten und da diese

Differenzen im Verhältnis zu den Raumanteilen außerordentlich gering sind, so ist das Korrektionsglied $c_{6i}\,\Delta h'_i$ höchstens als eine kleine Größe 1. Ordnung anzusprechen.

Nunmehr knüpfen wir wieder an den Ausdruck (46) für das Ablenkungsdifferential $d\varphi'_i$ an. Ersetzt man dort die Größen B'_i, T'_i, $'n^0_i - 1$, τ'_i, π'_i, γ'_i, η'_i durch die Ausdrücke (47) bis (52) und (61), so folgt

$$d\varphi'_i = \frac{B_i - \pi_i \Delta h'_i}{B_0} \cdot \frac{T_0}{T_i - \tau_i \Delta h'_i + c_{2i} \Delta h'^2_i} (n'^0_i - 1)(1 + c_{6i} \Delta h'_i) \left\{ \frac{\pi_i}{B_i - \pi_i \Delta h'_i} - \frac{\tau_i - 2 c_{2i} \Delta h'_i}{T_i - \tau_i \Delta h'_i + c_{2i} \Delta h'^2_i} \right\} (1 + \gamma_i \eta_i + (c_{4i} \gamma_i + c_{5i} \eta_i) \Delta h'_i + c_{4i} c_{5i} \Delta h'^2_i)\, ds_i \tag{65}$$

$$= \frac{n'^0_i - 1}{n^0_i - 1} \cdot \left[\frac{B_i}{B_0} \cdot \frac{T_0}{T_i} (n^0_i - 1) \left\{ \frac{\pi_i}{B_i} - \frac{\tau_i}{T_i} \right\} (1 + \gamma_i \eta_i)\, ds_i \right] \underbrace{\left(1 - \frac{\pi_i}{B_i} \Delta h'_i\right) \frac{1}{1 - \frac{\tau_i \Delta h'_i - c_{2i} \Delta h'^2_i}{T_i}} (1 + c_{6i} \Delta h'_i) \frac{\frac{\pi_i}{B_i - \pi_i \Delta h'_i} - \frac{\tau_i - 2 c_{2i} \Delta h'_i}{T_i - \tau_i \Delta h'_i + c_{2i} \Delta h'^2_i}}{\frac{\pi_i}{B_i} - \frac{\tau_i}{T_i}} \left(1 + \frac{(c_{4i} \gamma_i + c_{5i} \eta_i) \Delta h'_i + c_{4i} c_{5i} \Delta h'^2_i}{1 + \gamma_i \eta_i}\right)}_{P^i}. \tag{66}$$

Wir setzen zur Abkürzung

$$\frac{n'^0_i - 1}{n^0_i - 1} = C'_i \tag{67}$$

und beachten, daß der Inhalt der Eckenklammer von (66) nach Gl. (43) das Ablenkungsdifferential $d\varphi_i$ des Grundstrahles darstellt. Bezeichnet man das Produkt der übrigen Faktoren in (66) mit P^i, so nimmt der Ausdruck für das Ablenkungsdifferential des Vergleichsstrahles L' die Form

$$d\varphi'_i = C'_i \cdot P^i \cdot d\varphi_i \tag{68}$$

an. Auch P^i kann auf eine wesentlich einfachere Gestalt gebracht werden, sobald über die *Größenordnung* seiner Bestandteile Klarheit herrscht.

$-\frac{\pi_i}{B_i} \Delta h'_i = \frac{c_{3i}}{B_i} \Delta h'_i$ ist als das Verhältnis des Druckunterschiedes zwischen Grundpunkt P_i und zugeordnetem Punkt P'_i außerordentlich klein; es kann $\leqq G^1$ gesetzt werden. Entsprechendes gilt auch für die Temperatur, so daß der Quotient $(\tau_i \Delta h'_i - c_{2i} \Delta h'^2_i) : T_i$ ebenfalls $\leqq G^1$ zu setzen ist. Nach der Deutung von (64) ist auch $c_{6i} \Delta h'_i \leqq G^1$. Da es sich bei dieser Untersuchung um schwach geneigte Sichten handelt und die Flächen gleicher absoluter Brechungsquotienten annähernd wagrecht liegen, so wird man auch das Höhenwinkelprodukt $\gamma_i \eta_i$ als kleine Größe 1. Ordnung ansprechen dürfen. Selbst für die sehr großen Werte $\gamma_i = 8^0$, $\eta_i = 8^0$ wird $\gamma_i \eta_i$ erst $\frac{1}{51}$. Mit umso größerer Berechtigung kann man die Produkte $c_{4i} \Delta h'_i \gamma_i$ und $c_{5i} \Delta h'_i \eta_i$ gleich G^1 oder kleiner setzen, da $c_{4i} \Delta h'_i$ und $c_{5i} \Delta h'_i$ die geringe Änderung der Schichtneigung bzw. der Strahlenneigung vom Grundpunkt P_i bis zum zugeordneten Punkt P'_i bedeutet und das Produkt $c_{4i}\, c_{5i}\, \Delta h'^2_i$ muß wohl schon als G^2 betrachtet werden. Für zahlenmäßige Abschätzungen kann man G^1 zu etwa 0,01 annehmen.

Bisher handelte es sich nur um Feststellungen, welche sich aus der Natur der Sache zwingend ergeben. Dazu tritt jetzt noch die *Annahme*, daß der Temperaturzuwachs $\Delta T'_i$ von P_i bis P'_i in der Hauptsache durch das Glied $c_{1i} \Delta h'_i = -\tau_i \Delta h'_i$ dargestellt wird und durch das Zusatzglied $c_{2i} \Delta h'^2_i$ in (47) nur noch eine relativ kleine Verbesserung erfährt;

es ist dann $c_{2i}\,\Delta h_i' : c_{1i} = -c_{2i}\,\Delta h_i' : \tau_i = G^1$. Ferner soll vorerst angenommen werden, daß in P_i wirklich eine Strahlenbrechung stattfindet, was immer zutrifft, wenn sich $\frac{\pi_i}{B_i} - \frac{\tau_i}{T_i}$ von Null unterscheidet. Dieser Ausdruck besitzt den Charakter $\frac{1}{\Delta h_i'} \cdot G^1$.

Entwickelt man nunmehr P^i unter Vernachlässigung der kleinen Glieder von der 2. Ordnung, so bleibt

$$P^i = 1 + \left\{ 2\frac{\tau_i}{T_i} + c_{6i} + c_{4i}\gamma_i + c_{5i}\eta_i - \frac{2c_{2i}}{T_i\left(\frac{\pi_i}{B_i} - \frac{\tau_i}{T_i}\right)} \right\} \Delta h_i' + G^2. \tag{69}$$

Der Inhalt der geschweiften Klammer ist nur vom Grundpunkte P_i abhängig, so daß auch die Abkürzung

$$k_i = 2\frac{\tau_i}{T_i} + c_{6i} + c_{4i}\gamma_i + c_{5i}\eta_i - \frac{2c_{2i}}{T_i\left(\frac{\pi_i}{B_i} - \frac{\tau_i}{T_i}\right)} \tag{70}$$

lediglich eine Funktion des Ortes P_i bedeutet. Damit folgt aus (69) und (68)

$$P^i = 1 + k_i\,\Delta h_i' + G^2, \tag{71}$$

$$d\varphi_i' = C_i'(1 + k_i\,\Delta h_i' + G^2)\,d\varphi_i, \tag{72}$$

wobei $k_i\,\Delta h_i'$ den Charakter einer kleinen Größe 1. Ordnung besitzt.

Damit ist das Ablenkungsdifferential $d\varphi_i'$ im zugeordneten Punkte P_i' in eine einfache Beziehung zum entsprechenden Wert $d\varphi_i$ im Grundpunkte P_i gebracht.

Für einen zweiten Vergleichsstrahl L'' wird im zugeordneten Punkte P_i'' die differentiale Richtungsablenkung entsprechend

$$d\varphi_i'' = C_i''(1 + k_i\,\Delta h_i'' + G^2)\,d\varphi_i, \tag{73}$$

wenn

$$C_i'' = \frac{n_i''^{\circ} - 1}{n_i^{\circ} - 1} \tag{74}$$

ist und $\Delta h_i''$ den Abstand $P_i P_i''$ bedeutet. Auch $k_i\,\Delta h_i''$ ist eine kleine Größe 1. Ordnung.

Da die Ausdrücke (72), (73) den Faktor $d\varphi$ enthalten, so gelten sie auch für den oben vorerst ausgeschlossenen Fall, daß vom Grundpunkt P_i bis zu den zugeordneten Punkten P_i' bzw. P_i'' kein Brechungsgefälle ν besteht, die Brechungsdifferentiale $d\varphi_i$, $d\varphi_i'$, $d\varphi_i''$ also verschwinden. Sie besitzen jedoch keine Giltigkeit für den anderen Fall, daß ν wohl in P_i Null ist, während es sich zwischen P_i und P_i' bzw. P_i'' von Null unterscheidet.

Die Beiwerte C_i', C_i'' sind nach (67) und (74) vom Ort P_i abhängig, weil sich längs des Strahles infolge der etwas wechselnden Luftbeschaffenheit die Brechungsquotienten ändern. Diese Abhängigkeit ist aber, wie sich zeigen wird, eine so geringfügige, daß man sie für praktische Zwecke vernachlässigen darf.

Die Werte $n_i'^{\circ} - 1$, $n_i^{\circ} - 1$ gelten beide für den Luftzustand in P_i zum Druck B_0 und zur absoluten Temperatur T_0 für die Wellenlängen λ' bzw. λ. Nach (38) und (53) ist

$$C_i' = \frac{n_i'^{\circ} - 1}{n_i^{\circ} - 1} = \frac{v_{1i}(n_{10}' - 1) + v_{2i}(n_{20}' - 1) + v_{3i}(n_{30}' - 1) + \ldots\ldots}{v_{1i}(n_{10} - 1) + v_{2i}(n_{20} - 1) + v_{3i}(n_{30} - 1) + \ldots\ldots} \tag{75}$$

Die Raumanteile v_{1i}, v_{2i}, v_{3i}, ... der einzelnen Luftbestandteile können längs des Grundstrahles geringfügige Änderungen erleiden. Von den der normalen Luftzusammensetzung entsprechenden Raumanteilen v_1, v_2, v_3, ... werden sie sich um die kleinen Beträge dv_{1i}, dv_{2i}, dv_{3i}, ... unterscheiden, so daß

$$v_{1i} = v_1 + dv_{1i}, \quad v_{2i} = v_2 + dv_{2i}, \quad v_{3i} = v_3 + dv_{3i} \tag{76}$$

ist.

Durch Einsetzen dieser Ausdrücke in (75) erhält man

$$C_i' = \frac{v_1(n_{10}'-1)+v_2(n_{20}'-1)+v_3(n_{30}'-1)+\ldots+dv_{1i}(n_{10}'-1)+dv_{2i}(n_{20}'-1)+dv_{3i}(n_{30}'-1)+\ldots}{v_1(n_{10}-1)+v_2(n_{20}-1)+v_3(n_{30}-1)+\ldots+dv_{1i}(n_{10}-1)+dv_{2i}(n_{20}-1)+dv_{3i}(n_{30}-1)+\ldots}. \tag{77}$$

Die erste Hälfte der Glieder des Zählers bzw. des Nenners ergibt den der normalen Luftzusammensetzung entsprechenden Wert $n_0'-1$ bzw. n_0-1 zu B_0 und T_0 für λ' bzw. für λ. Damit wird

$$C_i' = \frac{(n_0'-1) + dv_{1i}(n_{10}'-1) + dv_{2i}(n_{20}'-1) + dv_{3i}(n_{30}'-1) + \ldots}{(n_0-1) + dv_{1i}(n_{10}-1) + dv_{2i}(n_{20}-1) + dv_{3i}(n_{30}-1) + \ldots} \tag{78}$$

$$= \frac{n_0'-1}{n_0-1} \cdot \frac{1 + \dfrac{dv_{1i}(n_{10}'-1) + dv_{2i}(n_{20}'-1) + dv_{3i}(n_{30}'-1) + \ldots}{n_0'-1}}{1 + \dfrac{dv_{1i}(n_{10}-1) + dv_{2i}(n_{20}-1) + dv_{3i}(n_{30}-1) + \ldots}{n_0-1}} \tag{79}$$

Die auf 1 folgenden Zähler- und Nennerglieder sind sehr klein, so daß aus (79) die bis auf kleine Größen höherer Ordnung giltige Beziehung

$$C_i' = \frac{n_0'-1}{n_0-1}\Bigg\{1 + \underbrace{\left(\frac{n_{10}'-1}{n_0'-1} - \frac{n_{10}-1}{n_0-1}\right)dv_{1i} + \left(\frac{n_{20}'-1}{n_0'-1} - \frac{n_{20}-1}{n_0-1}\right)dv_{2i} + \left(\frac{n_{30}'-1}{n_0'-1} - \frac{n_{30}-1}{n_0-1}\right)dv_{3i} + \ldots}_{K}\Bigg\} \tag{80}$$

hervorgeht.

Der Korrektionsausdruck K in (80) ist näher zu untersuchen. Dabei können wir uns auf die vier wichtigsten Luftanteile Stickstoff (L_1), Sauerstoff (L_2), Argon (L_3) und Wasserdampf (L_4) beschränken, zu welchen in runden Zahlen die Raumanteile

$$v_1 = 0{,}77, \quad v_2 = 0{,}21, \quad v_3 = 0{,}01, \quad v_4 = 0{,}01 \tag{81}$$

gehören. Nehmen wir an, daß längs des Grundstrahles die durchschnittliche Abweichung der Raumanteile von ihren Sollbeträgen 1% ausmacht, was hoch gegriffen ist und erhöht man diesen Betrag für den unbeständigeren Wasserdampf auf 10%, so wird

$$dv_{1i} = 0{,}0077, \quad dv_{2i} = 0{,}0021, \quad dv_{3i} = 0{,}0001, \quad dv_{4i} = 0{,}001. \tag{82}$$

Die in den Rundklammern von (80) enthaltenen Quotienten, welche zur Abkürzung q_1', q_1, q_2', q_2, ... genannt seien, können der Tab. 1 entnommen werden. Wir wählen sie aber nicht zu einheitlichen Wellenlängen, sondern greifen für jeden Luftbestandteil die größte auftretende Differenz heraus. So findet man

$$K_{\max} < (1{,}013-1{,}009)\,0{,}0077 + (0{,}939-0{,}930)\,0{,}0021 + (0{,}965-0{,}933)\,0{,}0001 + (0{,}872-0{,}855)\,0{,}001 = \tfrac{1}{14\,000}. \tag{83}$$

In Wirklichkeit wird $K_{\max}$ beträchtlich kleiner ausfallen. In diesem Sinne wirkt nicht nur der Umstand, daß ja die Differenzen $q'-q$ zu einheitlichen Wellenlängen gehören, sondern auch die bisher gar nicht beachtete Forderung, daß

$$dv_{1i} + dv_{2i} + dv_{3i} + \ldots = 0. \tag{84}$$

Aber auch ohne Berücksichtigung dieser Umstände ist K_{max} so außerordentlich geringfügig, daß man es jederzeit als kleine Größe 2. Ordnung auffassen und vernachlässigen kann.

Somit erhält man unabhängig vom Orte P_i die Festwerte

$$C_i' = C' = \frac{n_0'-1}{n_0-1}, \quad C_i'' = C'' = \frac{n_0''-1}{n_0-1}, \tag{85}$$

welche mit Hilfe der Dispersionsformel für normal zusammengesetzte Luft zu den Wellenlängen λ, λ', λ'' berechnet werden können.

5. **Allgemeiner Ausdruck für die Abstände zugeordneter Strahlenpunkte von den zugehörigen Anfangstangenten.** Der Punkt P_i des Grundstrahles L (Abb. 3) steht von der Tangente T_1 an den Strahlenanfangspunkt P_1 um die Ordinate y_i ab; seine Abszisse sei x_i. Zum Nachbarpunkt P_{i+1} gehören die Koordinatenzuwächse dx_i, dy_i. Das Strahlenelement $P_i\, P_{i+1}$, dessen Horizontalprojektion ds ist, besitzt den Höhenwinkel γ_i und schließt mit der Anfangstangente T_1 den Winkel $\Delta\varphi_{1i}$ ein, welcher die Richtungsänderung oder Gesamtkrümmung des Grundstrahles von P_1 bis P_i darstellt. Nach Abb. 3 gilt streng

Abb. 3.

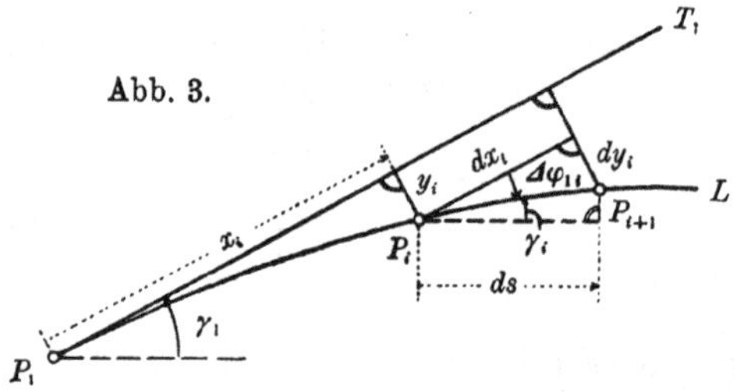

$$dy_i = dx_i \operatorname{tg} \Delta\varphi_{1i} = \frac{\sin \Delta\varphi_{1i}}{\cos \gamma_i} \cdot ds. \tag{86}$$

Da wir uns von vorneherein auf meßbare Seitenlängen beschränken, so bleibt $\Delta\varphi_{1i}$ jedenfalls unter $\frac{1}{2}^0$ und wir können $\sin \Delta\varphi_{1i}$ stets durch den Bogen $\Delta\varphi_{1i}$ ersetzen, ohne daß der relative Fehler $\frac{1}{6}\Delta\varphi_{1i}^2$ dieser Näherung der Betrag $\frac{1}{70\,000}$ erreichen könnte. Er soll als völlig belanglos vernachlässigt werden.

Damit wird

$$dy_i = \frac{\Delta\varphi_{1i}}{\cos\gamma_i} \cdot ds \tag{87}$$

während sich für die Ordinate des Punktes P_i der Ausdruck

$$y_i = \int_{e=1}^{i} \frac{\Delta y_{1e}}{\cos\gamma_e}\, ds \tag{88}$$

ergibt. Hierin ist

$$\Delta\varphi_{1e} = \int_{r=1}^{r=e} d\varphi_r. \tag{89}$$

Entsprechend ist

$$y_i' = \int_{e=1}^{i} \frac{\Delta\varphi_{1e}'}{\cos\gamma_e'} \cdot ds \tag{90}$$

der Abstand des zugeordneten Punktes P_i' von der Anfangstangente T_1' an den Vergleichsstrahl L'.

Nach (50) und den im Anschluß an (68) gemachten Ausführungen ist die Höhenwinkeldifferenz der Strahlenelemente in zugeordneten Punkten

$$\Delta\gamma'_e = \gamma'_e - \gamma_e = c_{5e} \cdot \Delta h'_e = G^1. \tag{91}$$

Damit wird auch

$$\cos\gamma'_e = \cos\gamma_e (1 + G^1) \tag{92}$$

und

$$y'_i = \int_{e=1}^{i} \frac{\Delta\varphi'_{1e}}{\cos\gamma_e} \cdot ds\,(1 + G^1). \tag{93}$$

Nun ist

$$\Delta\varphi'_{1e} = \int_{r=1}^{e} d\varphi'_r = (1 + G^1) \int_{r=1}^{e} C' \cdot d\varphi_r = (1 + G^1)\, C' \int_{r=1}^{e} d\varphi_r = C' \Delta\varphi_{1e} (1 + G^1). \tag{94}$$

Durch Einsetzen von (94) in (93) erhält man

$$y'_i = (1 + G^1) \cdot C' \cdot \int_{e=1}^{i} \frac{\Delta\varphi_{1e}}{\cos\gamma_e} \cdot ds = C' \cdot y_i (1 + G^1). \tag{95}$$

Für einen weiteren zugeordneten Punkt P''_i des Vergleichsstrahles L'' gilt entsprechend

$$\Delta\varphi''_{1e} = C'' \Delta\varphi_{1e} (1 + G^1), \qquad y''_i = C'' \cdot y_i (1 + G^1). \tag{96}$$

Aus den Gleichungen (94) bis (96) kann man unmittelbar die *Verhältnisgleichung*

$$\Delta\varphi_{1e} : \Delta\varphi'_{1e} : \Delta\varphi''_{1e} : \ldots \approx y_i : y'_i : y''_i : \ldots \approx 1 : C' : C'' : \ldots \tag{97}$$

ablesen, deren relativer Fehler eine kleine Größe von der 1. Ordnung ist.

Für spätere Zwecke muß noch eine etwas *schärfere Beziehung* zwischen y und y' aufgestellt werden als sie Gl. (95) bietet.

Mit Rücksicht auf (72) wird

$$\Delta\varphi'_{1e} = \int_1^e d\varphi'_r = C' \int_1^e (1 + k_r \Delta h'_r + G^2)\, d\varphi_r = C' \cdot \Delta\varphi_{1e} + C' \cdot \int_1^e k_r \Delta h'_r \cdot d\varphi_r + \int G^2 \cdot d\varphi_r \tag{98}$$

und aus (91) folgt

$$\frac{1}{\cos\gamma'_e} = \frac{1}{\cos\gamma_e (1 - \Delta\gamma'_e \operatorname{tg}\gamma_e + G^2)} = \frac{1}{\cos\gamma_e} (1 + c_{5e} \Delta h'_e \cdot \operatorname{tg}\gamma_e + G^2). \tag{99}$$

Durch Einsetzen der beiden letzten Ausdrücke in (90) erhält man die Ordinate des zugeordneten Punktes in der schärferen Form

$$y'_i = C' \cdot y_i \left\{ 1 + \frac{1}{y_i} \int_{e=1}^{i} \frac{ds}{\cos\gamma_e} \cdot \int_1^e k_r \Delta h'_r\, d\varphi_r + \frac{1}{y_i} \int_1^i \frac{c_{5e} \cdot \Delta h'_e}{\cos\gamma_e} \operatorname{tg}\gamma_e\, \Delta\varphi_{1e} \cdot ds + G^2 \right\}. \tag{100}$$

Die hierin enthaltenen Korrektionsglieder besitzen die Größenordnung G^1.

6. Beziehung zwischen den Höhenunterschieden $\Delta h_i'$, $\Delta h_i''$ vom Grundpunkt P_i bis zu den zugeordneten Punkten P_i', P_i''. In Abb. 4 sind T_1, T_1', T_1'' die an die Strahlen L, L', L'' gezogenen Anfangstangenten, welche mit der die Strahlenendpunkte P_1, P_m verbindenden Sehne S die im Uhrzeigersinn positiv gezählten Winkel ξ_1, ξ_1', ξ_1'' einschließen. ε_1', ε_1'' sind die Richtungsunterschiede von T_1', T_1'' gegen T_1, während γ_1 den Höhenwinkel von T_1 bedeutet. Gehören zu den Punkten P_i, P_i', P_i'', P_m die auf die Anfangstangenten T_1, T_1', T_1'' und den gemeinsamen Anfangspunkt P_1 bezogenen rechtwinkligen Koordinaten y_i, y_i', y_i'' und y_m, y_m', y_m'' bzw. x_i, x_i', x_i'' und x_m, x_m', x_m'', so ergibt sich aus Abb. 5 für den Höhenzuwachs $P_i\,P_i'$ folgender Ausdruck

Abb. 4.

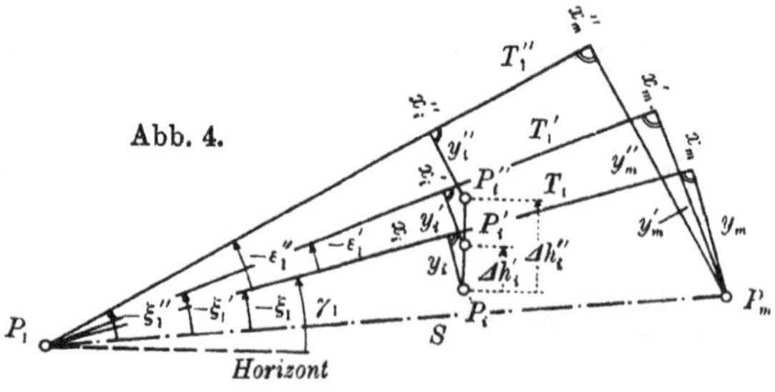

Abb. 5.

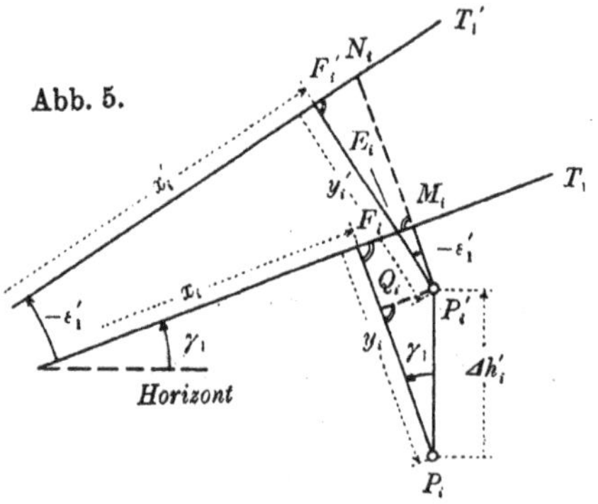

$$\Delta h_i' = \frac{P_i\,Q_i}{\cos\gamma_1} = \frac{1}{\cos\gamma_1}\left\{y_i - P_i' M_i\right\} \quad (101)$$

$$= \frac{1}{\cos\gamma_1}\left\{y_i - \frac{y_i' - E_i F_i'}{\cos\varepsilon_1'}\right\} \quad (102)$$

$$= \frac{1}{\cos\gamma_1}\left\{y_i - \frac{y_i' - x_i' \operatorname{tg}(-\varepsilon_1')}{\cos\varepsilon_1'}\right\}. \quad (103)$$

Da $\varepsilon_1' = G^1$, so folgt aus (103)

$$\Delta h_i' = \frac{1}{\cos\gamma_1}\left\{y_i - y_i' - x_i' \cdot \varepsilon_1'\right\}(1+G^2) \quad (104)$$

und wegen (95) wird

$$\Delta h_i' = \frac{1}{\cos\gamma_1}\left\{-(C'-1+G^1)\,y_i - \varepsilon_1' \cdot x_i'\right\}. \quad (105)$$

Wir drücken nunmehr ε_1' auf dem Umwege über ξ_1, ξ_1' durch die Endpunktsordinate y_m und die Sehne S aus. Nach Abb. 4 gilt strenge

$$\sin\varepsilon_1' = \sin(\xi_1' - \xi_1) = \sin\xi_1' \cos\xi_1 - \cos\xi_1' \sin\xi_1\,, \quad (106)$$

$$-\sin\xi_1 = \frac{y_m}{S}, \qquad -\sin\xi_1' = \frac{y_m'}{S}. \quad (107)$$

Hieraus folgt, da ε_1', ξ_1, ξ_1' die Größenordnung G^1 besitzen, die Näherungsbeziehung

$$\varepsilon_1' = \{\sin\xi_1' - \sin\xi_1\}\,(1+G^2) \quad (108)$$

oder nach Einsetzen der Ausdrücke (107)

$$\varepsilon_1' = \frac{1}{S}\,(y_m - y_m')\,(1+G^2). \quad (109)$$

Nach (95) ist

$$y_m' = C'\,(1+G^1)\,y_m\,, \quad (110)$$

so daß schließlich

$$\varepsilon_1' = -\frac{y_m}{S}\left\{C'(1+G^1)-1\right\} = -\frac{y_m}{S}\,(C'-1)\,(1+G^1) \quad (111)$$

wird.

Nun ist noch zu zeigen, daß x_i' bis auf einen relativen Fehler G^1 mit x_i vertauscht werden kann. Es ist

$$x_i' = x_i + \Delta x_i' = x_i\left(1 + \frac{\Delta x_i'}{x_i}\right). \tag{112}$$

Für das hierin enthaltene Korrektionsglied findet man unter Benützung von Abb. 3

$$\frac{\Delta x_i'}{x_i} = \frac{\int\limits_1^i (dx_e' - dx_e)}{\int\limits_1^i dx_e} = \frac{\int\limits_1^i \left(\frac{\cos \Delta\varphi_{1e}'}{\cos \gamma_e'} - \frac{\cos \Delta\varphi_{1e}}{\cos \gamma_e}\right) ds}{\int\limits_1^i \frac{\cos \Delta\varphi_{1e}}{\cos \gamma_e} ds} \tag{113}$$

oder nach Durchführung der Substitutionen $\Delta\varphi_{1e}' = C'(1 + G^1)\,\Delta\varphi_{1e}$, $\gamma_e' = \gamma_e + \Delta\varphi_e'$ sowie unter Beachtung des Umstandes, daß $\Delta\varphi_{1e}$, $\Delta\gamma_e'$ von der Ordnung G^1 sind,

$$\frac{\Delta x_i'}{x_i} = (1 + G^1)\,\frac{\int\limits_1^i \frac{1}{\cos \gamma_e}\left\{-\tfrac{1}{2}(C'^2 - 1)\,\Delta\varphi_{1e}^2 + \Delta\gamma_e' \operatorname{tg} \gamma_e\right\} ds}{\int\limits_1^i \frac{\cos \Delta\varphi_{1e}}{\cos \gamma_e} ds}. \tag{114}$$

Für die Bestimmung der Größenordnung dieses Quotienten kann im Zähler innerhalb der geschweiften Klammer $(C'^2 - 1)\,\Delta\varphi_{1e}^2$ als kleines Glied G^2 neben $\Delta\gamma_e' \operatorname{tg} \gamma_e = G^1$ vernachlässigt werden. Dann bleiben im Zähler- und im Nennerintegral gleich viel Glieder, deren Quotient $-\frac{\sin \gamma_e}{\cos \Delta\varphi_{1e}} \cdot \Delta\gamma_e'$ jeweils eine kleine Größe von der 1. Ordnung ist. Also wird auch

$$\frac{\Delta x_i'}{x_i} = G^1 \tag{115}$$

und seine Einführung in (112) ergibt

$$x_i' = x_i\,(1 + G^1). \tag{116}$$

Werden die Ausdrücke (111) und (116) in (105) eingesetzt, so erhält man den Höhenunterschied $P_i P_i'$ in der Form

$$\Delta h_i' = -(C' - 1)\,\frac{y_i}{\cos \gamma_1}\left\{1 - \frac{x_i \cdot y_m}{S \cdot y_i}\right\}(1 + G^1) = c_i\,(C' - 1)\,(1 + G^1). \tag{117}$$

Dieser Ausdruck ist nur noch in C' vom Vergleichsstrahl L' abhängig; sonst bezieht sich alles auf den Grundstrahl L. Durch Vertauschung von L' mit L'' erhält man daher das vollkommen entsprechende Ergebnis

$$\Delta h_i'' = -(C'' - 1)\,\frac{y_i}{\cos \gamma_1}\left\{1 - \frac{x_i\, y_m}{S \cdot y_m}\right\}(1 + G^1) = c_i\,(C'' - 1)\,(1 + G^1). \tag{118}$$

Aus den Gleichungen (111), (117), (118) folgt die Näherungsbeziehung

$$\varepsilon_1' : \varepsilon_1'' : \varepsilon_1''' : \ldots \approx \Delta h_i' : \Delta h_i'' : \Delta h_i''' : \ldots \approx (C' - 1) : (C'' - 1) : (C''' - 1) : \ldots, \tag{119}$$

deren relativer Fehler von der Ordnung G^1 ist.

Auch der Ausdruck $\Delta\gamma'_i$ soll etwas näher untersucht werden. Er ist als Höhenwinkelzuwachs von P_i bis P'_i auch gleich dem Unterschied der Tangentenrichtungen φ_i, φ'_i in diesen Punkten; also ist

$$-\Delta\gamma'_i = \gamma_i - \gamma'_i = \varphi'_i - \varphi_i = (\varphi'_1 + \Delta\varphi'_{1i}) - (\varphi_1 + \Delta\varphi_{1i}) \tag{120}$$

$$= (\varphi'_1 - \varphi_1) + (\Delta\varphi'_{1i} - \Delta\varphi_{1i}) \tag{121}$$

$$= \varepsilon'_1 + (C' - 1)\,\Delta\varphi_{1i}(1 + G^1). \tag{122}$$

Ersetzt man hierin ε'_1 durch (111), so folgt

$$\Delta\gamma'_i = -(C' - 1)\left\{\Delta\varphi_{1i} - \frac{y_m}{S}\right\}(1 + G^1). \tag{123}$$

Dieser Ausdruck ist ebenfalls nur durch C' vom Vergleichsstrahl L' abhängig und dem Vergleichsstrahl L'' entspricht daher von P_i bis P''_i die Höhenwinkelzunahme

$$\Delta\gamma''_i = \gamma''_i - \gamma_i = -(C'' - 1)\left\{\Delta\varphi_{1i} - \frac{y_m}{S}\right\}(1 + G^1). \tag{124}$$

Bis auf einen relativen Fehler von der Ordnung G^1 gilt also auch die Verhältnisgleichung

$$\Delta\gamma'_i : \Delta\gamma''_i : \Delta\gamma'''_i : \ldots \approx (C'-1) : (C''-1) : (C'''-1) : \ldots, \tag{125}$$

welche unmittelbar in (119) eingefügt werden kann. Dann erscheint die vollständigere *Näherungsbeziehung*

$$\varepsilon'_1 : \varepsilon''_1 : \varepsilon'''_1 : \ldots \approx \Delta\gamma'_i : \Delta\gamma''_i : \Delta\gamma'''_i : \ldots \approx \Delta h'_i : \Delta h''_i : \Delta h'''_i : \ldots \approx (C'-1) : (C''-1) : (C'''-1) : \ldots, \tag{126}$$

nach welcher $\Delta\gamma'_i$ zu $\Delta h'_i$ proportional ist. Dieses Ergebnis deckt sich mit der in (50) getroffenen Annahme $c_{5i} \cdot \Delta h'_i$. Es ist aber nicht etwa eine Folge dieser Annahme, da bei der Ableitung der Beziehungen (126) das Korrektionsglied $c_{5i}\,\Delta h'_i$ doch immer unterdrückt worden ist. *Man darf daher in der Reihe der Voraussetzungen die Annahme (50) als überflüssig streichen.*

7. **Die Strahlenablenkung als Funktion der beobachteten Richtungsunterschiede verschiedenfarbiger Strahlen.** Nunmehr können wir endlich darangehen, die Strahlenablenkung ξ_1 bzw. ξ_m (Abb. 1) des Grundstrahls L aus dem zu beobachtenden Richtungsunterschied ε'_1 bzw. ε'_m abzuleiten.

Aus den strengen Ausdrücken (107) findet man durch entsprechende Subtraktion und Addition

$$\operatorname{tg}\tfrac{1}{2}(\xi'_1 - \xi_1) = \operatorname{tg}\tfrac{1}{2}\varepsilon'_1 = \frac{y'_m - y_m}{y_m + y'_m}\operatorname{tg}\tfrac{1}{2}(\xi_1 + \xi'_1). \tag{127}$$

Der hierin enthaltene Quotient wird mit Rücksicht auf (100)

$$\frac{y'_m - y_m}{y_m + y'_m} = \frac{(C'-1)\,y_m + C'\int_1^m \frac{ds}{\cos\gamma_e}\cdot\int_1^e k_r\,\Delta h'_r\,d\varphi_r + C'\int_1^m \frac{c_{5e}\,\Delta h'_e}{\cos\gamma_e}\operatorname{tg}\gamma_e\cdot\Delta\varphi_{1e}\cdot ds + y_i\,G^2}{(C'+1)\,y_m + C'\int_1^m \frac{ds}{\cos\gamma_e}\int_1^e k_r\,\Delta h'_r\,d\varphi_r + C'\int_1^m \frac{c_{5e}\,\Delta h'_e}{\cos\gamma_e}\operatorname{tg}\gamma_e\cdot\Delta\varphi_{1e}\cdot ds + y_i\,G^2} \tag{128}$$

$$= \frac{C'-1}{C'+1}\left\{1 + \frac{1}{y_m}\left[\frac{C'}{C'-1} - \frac{C'}{C'+1}\right]\cdot\int_1^m \frac{ds}{\cos\gamma_e}\cdot\int_1^e k_r\cdot\Delta h'_r\,d\varphi_r + \frac{1}{y_m}\left[\frac{C'}{C'-1} - \frac{C'}{C'+1}\right]\cdot\int_1^m \frac{c_{5e}\cdot\Delta h'_e}{\cos\gamma_e}\operatorname{tg}\gamma_e\cdot\Delta\varphi_{1e}\cdot ds + G^2\right\}. \tag{129}$$

Werden $\Delta h'_r$, $\Delta h'_e$ durch $(1+G^1)(C'-1)\Delta h_r$, $(1+G^1)(C'-1)\Delta h_e$ ersetzt, so folgt

$$\frac{y'_m-y_m}{y_m+y'_m}=\frac{C'-1}{C'+1}\left\{1+\frac{C'}{y_m}\left(1-\frac{C'-1}{C'+1}\right)\cdot\left[\int_1^m\frac{ds}{\cos\gamma_e}\int_1^e k_r\,\Delta h_r\,d\varphi_r+\int_1^m\frac{c_{5e}\,\Delta h_e}{\cos\gamma_e}\operatorname{tg}\gamma_e\cdot\Delta\varphi_{1e}\cdot ds\right]+G^2\right\}. \quad (130)$$

Setzt man den nur noch vom Grundstrahl L abhängigen Ausdruck

$$\frac{1}{y_m}\left[\int_1^m\frac{ds}{\cos\gamma_e}\int_1^e k_r\,\Delta h_r\,d\varphi_r+\int_1^m\frac{c_{5e}\,\Delta h_e}{\cos\gamma_e}\operatorname{tg}\gamma_e\cdot\Delta\varphi_{1e}\,ds\right]=J, \quad (131)$$

so wird

$$\frac{y'_m-y_m}{y_m+y'_m}=\frac{C'-1}{C'+1}\left\{1+\frac{2C'}{C'+1}\cdot J+G^2\right\}. \quad (132)$$

Der durch (131) bestimmte Ausdruck J ist ebenso wie das Korrektionsglied innerhalb der geschweiften Klammer von (100) von der Größenordnung G^1. Dasselbe gilt auch für das in (132) enthaltene Glied $\frac{2C'}{C'+1}\cdot J$.

Ohne praktische Einbuße an Genauigkeit erhält man aus (127) durch Reihenentwicklung

$$\varepsilon'_1=\frac{y'_m-y_m}{y_m+y'_m}(\xi_1+\xi'_1)(1+G^2)=\frac{y'_m-y_m}{y_m+y'_m}(2\xi_1+\varepsilon'_1)(1+G^2). \quad (133)$$

Trennt man nach ξ_1 und ε'_1, so folgt

$$2\,\frac{y'_m-y_m}{y_m+y'_m}\cdot\xi_1+\left(\frac{y'_m-y_m}{y'_m+y_m}-1\right)\varepsilon'_1+G^3=0. \quad (134)$$

In diese Gleichung setzen wir für $(y'_m-y_m):(y_m+y'_m)$ den Ausdruck (132) ein und finden

$$(C'-1)\,\xi_1-\varepsilon'_1+2C'\,\frac{C'-1}{C'+1}\cdot J\cdot\xi_1+C'\,\frac{C'-1}{C'+1}\cdot J\cdot\varepsilon_1+G^3=0. \quad (135)$$

Die beiden ersten Glieder dieser Gleichung sind von der Ordnung G^1, das 3. und 4. Glied von der Ordnung G^2. Somit liefert

$$(C'-1)\,\xi_1-\varepsilon'_1+G^2=0 \quad (136)$$

einen ersten *Näherungswert*

$$\xi_1=\frac{\varepsilon'_1}{C'-1}+G^2=\frac{\varepsilon'_1}{C'-1}(1+G^1) \quad (137)$$

für die gesuchte Unbekannte.

Ersetzt man das im 4. Glied von (135) enthaltene ε'_1 durch den aus (136) unmittelbar folgenden Ausdruck $(C'-1)\,\xi_1+G^2$ und fassen wir Gleichartiges zusammen, so folgt

$$(C'-1)\,\xi_1+C'\,(C'-1)\cdot J\cdot\xi_1=\varepsilon'_1+G^3. \quad (138)$$

Da

$$J\cdot\xi_1=U=G^2 \quad (139)$$

nur vom Grundstrahl abhängt, so führen wir es als neue Unbekannte in (138) ein und erhalten nunmehr

$$(C'-1)\,\xi_1+C'\,(C'-1)\cdot U=\varepsilon'_1+G^3. \quad (140)$$

Diese Beziehung ergab sich aus der Kombination L, L'. Die Verbindung L, L'' führt auf eine ganz entsprechende Gleichung mit denselben zwei Unbekannten, nämlich

$$(C''-1)\,\xi_1 + C''\,(C''-1)\cdot U = \varepsilon_1'' + G^3. \tag{141}$$

Diese beiden Gleichungen bestimmen die Unbekannten ξ_1, U. Wir begnügen uns mit der Auflösung nach ξ_1 und finden aus der Kombination

$$C''(C''-1)(140)-C'(C'-1)(141) \equiv (C'-1)(C''-1)(C''-C')\cdot\xi_1 = C''(C''-1)\varepsilon_1'-C'(C'-1)\varepsilon_1''+G^3 \tag{142}$$

für die *erste Teilrefraktion* den Ausdruck

$$\xi_1 = \frac{1}{C''-C'}\left\{\frac{C''}{C'-1}\,\varepsilon_1' - \frac{C'}{C''-1}\,\varepsilon_1''\right\}(1+G^2). \tag{143}$$

Aus dieser in Bezug auf L', L'' symmetrischen Form erhält man durch eine einfache Umformung

$$\xi_1 = \left\{\frac{\varepsilon_1'}{C'-1} + \frac{C'}{C''-C'}\left[\frac{\varepsilon_1'}{C'-1} - \frac{\varepsilon_1''}{C''-1}\right]\right\}(1+G^2). \tag{144}$$

Die in der Eckklammer enthaltene Differenz $\frac{\varepsilon_1'}{C'-1} - \frac{\varepsilon_1''}{C''-1}$ ist von der Ordnung G^2, wie ein Vergleich mit (137) zeigt, wenn diese Gleichung nacheinander auf L' und L'' angewendet wird.

Für die *zweite Teilrefraktion* erhält man entsprechend

$$\xi_m = \frac{1}{C''-C'}\left\{\frac{C''}{C'-1}\,\varepsilon_m' - \frac{C'}{C''-1}\,\varepsilon_m''\right\}(1+G^2) = \left\{\frac{\varepsilon_m'}{C'-1}+\frac{C'}{C''-C'}\left[\frac{\varepsilon_m'}{C'-1} \quad \frac{\varepsilon_m''}{C''-1}\right]\right\}(1+G^2). \tag{145}$$

Nachdem nunmehr die Ausdrücke für die Teilrefraktionen ξ_1, ξ_m feststehen, kann man auch die praktisch minder wichtige Gesamtrefraktion $\Delta\varphi_{1m}$ leicht bestimmen, vorausgesetzt, daß gleichzeitige Beobachtungen in beiden Strahlenendpunkten P_1, P_m vorliegen. Die gesuchte Größe ist nach Abb. 1 Außenwinkel in dem durch die Sehne S und die Endpunktstangenten T_1, T_m gebildeten Dreieck. Also wird

$$\Delta\varphi_{1m} = -\xi_1 + \xi_m = \frac{1}{C''-C'}\left\{\frac{C''}{C'-1}(\varepsilon_m'-\varepsilon_1') - \frac{C'}{C''-1}(\varepsilon_m''-\varepsilon_1'')\right\}(1+G^2) \tag{146}$$

oder

$$\Delta\varphi_{1m} = \left\{\frac{\varepsilon_m'-\varepsilon_1'}{C'-1} + \frac{C'}{C''-C'}\left[\frac{\varepsilon_m'-\varepsilon_1'}{C'-1} - \frac{\varepsilon_m''-\varepsilon_1''}{C''-1}\right]\right\}(1+G^2), \tag{147}$$

je nachdem die Werte ξ in der durch (143) oder (144) bestimmten Form eingesetzt werden. Auch in (147) ist der Inhalt der Eckklammer von der Größenordnung G^2, so daß die Gesamtrefraktion in erster Annäherung durch den einfacheren Ausdruck

$$\Delta\varphi_{1m} = \frac{\varepsilon_m'-\varepsilon_1'}{C'-1} + G^2 = \frac{\varepsilon_m'-\varepsilon_1'}{C'-1}(1+G^1) \tag{148}$$

dargestellt wird.

B. Ermittlung der seitlichen Strahlenablenkung aus der Dispersion.

8. Bestimmung der Lateralrefraktion aus der seitlichen Farbenzerstreuung. Auch bei den etwa auftretenden seitlichen Ablenkungen der Strahlen L, L', ... gelten Beziehungen, welche den für die Höhenbrechung aufgestellten durchaus entsprechen. Wir beschränken uns beim Nachweis[1]) derselben von vornherein jeweils auf das Hauptglied, da bei der Geringfügigkeit der Seitenrefraktion, welche von der Größenordnung G^2 ist, ein etwaiges Zusatzglied weit unter der Grenze der Beobachtungsfehler bleiben müßte.

Die Zeichen $d\varphi$, $\Delta\varphi$, ε, ξ sollen sich wie bisher auf die Höhenbrechung (Aufriß) beziehen. Ihnen entsprechen im Grundriß für die seitliche Strahlenbrechung die Bezeichnungen $d\bar{\varphi}$, $\Delta\bar{\varphi}$, $\bar{\varepsilon}$, $\bar{\xi}$. Dagegen soll $d\dot{\varphi}$ das räumlich schief liegende Ablenkungsdifferential bedeuten.

Die Brechung $d\dot{\varphi}_i$ des doppelt gekrümmten Strahles L im Punkte P_i (Abb. 6) erfolgt in der durch die Strahlenelemente dL_{i-1}, dL_i bestimmten Schmiegungsebene des Punktes P_i. Diese Elemente bzw. die dadurch bezeichneten Richtungen $P_{i-1}P_i$, P_iP_{i+1} treffen eine um P_i gelegte Einheitskugel in den Bildpunkten p_i, p_{i+1} (Abb. 7), deren sphärischer Abstand $d\dot{\varphi}_i$ ist. Dem Lot und dem Horizont im Beobachtungsort P_m sowie der ungestörten Zielebene von P_m nach P_1 entsprechen auf der Einheitskugel die Bilder Z_m, H_m und K. Wird nunmehr $d\dot{\varphi}_i$ durch die Großkreise K_{i-1}, K_i bzw. o_i, o_{i+1} senkrecht auf H_m und K projiziert, so ergeben sich die Differentiale $d\bar{\varphi}_i$, $d\varphi_i$ der seitlichen bzw. der vertikalen Strahlenbrechung. Erstere erscheint bei Z_m auch unmittelbar als Winkel. Mit der Lotebene durch dL_{i-1} bzw. mit K_{i-1} wird $d\dot{\varphi}_i$ einen Winkel δ_i einschließen, welcher als kleine Größe G^1 zu nehmen ist. Deshalb und weil die projizierenden Ordinaten o_i, o_{i+1} höchstens bis zum Betrag der seitlichen Strahlenbrechung selbst anwachsen können, wird $d\dot{\varphi}_i$ mit $d\varphi_i$ bis auf einen relativen Fehler von der Ordnung G^2 übereinstimmen; also gilt

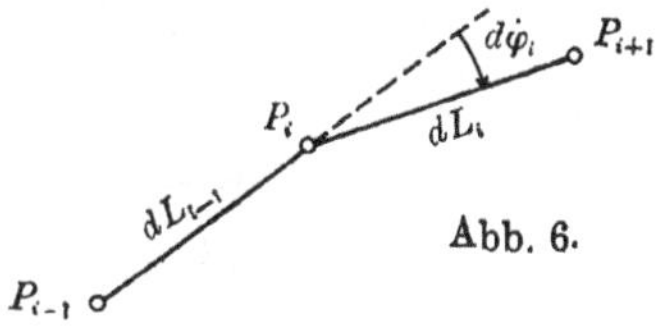

Abb. 6.

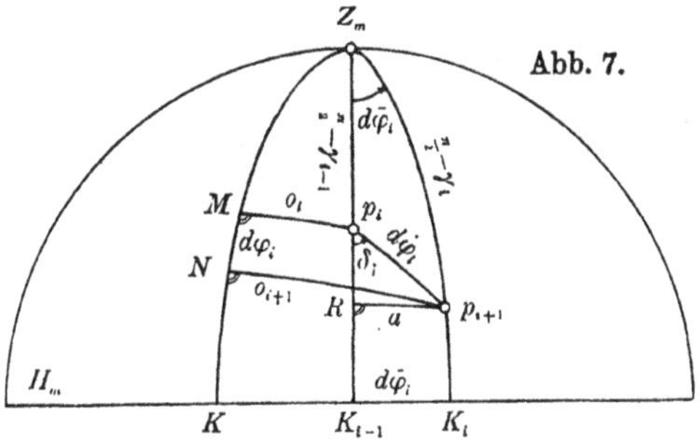

Abb. 7.

$$d\dot{\varphi}_i = d\varphi_i(1 + G^2). \tag{149}$$

[1]) Für den besonderen Fall, daß die Strahlen nicht räumlich gekrümmt sind, sondern einer schiefen Ebene angehören, kann man unter Umgehung der Differentiale $d\varphi$ mit Hilfe einer um P_m gelegten Einheitskugel zum Ziele kommen.

Wenn in Abb. 7 der senkrechte sphärische Abstand des Punktes p_{i+1} von K_{i-1} mit a bezeichnet wird und γ_{i-1}, γ_i die Höhenwinkel der Strahlenelemente dL_{i-1}, dL_i bedeuten, so folgt aus den beiden an der gemeinsamen Ecke R rechtwinkligen sphärischen Dreiecken $Z_m\, p_{i+1}\, R$ und $p_i\, p_{i+1}\, R$

$$\sin d\bar{\varphi}_i = \frac{\sin a}{\cos \gamma_i} = \frac{\sin d\dot{\varphi}_i \sin \delta_i}{\cos \gamma_i}. \tag{150}$$

Aus dieser strengen Gleichung folgt die Näherungsbeziehung

$$d\bar{\varphi}_i = \frac{\delta_i \cdot d\dot{\varphi}_i}{\cos \gamma_i}(1 + G^2) = \frac{\delta_i \cdot d\varphi_i}{\cos \gamma_i}(1 + G^2) \tag{151}$$

und ganz entsprechend wird

$$d\bar{\varphi}'_i = \frac{\delta'_i \cdot d\varphi'_i}{\cos \gamma'_i}(1 + G^2) \tag{152}$$

das dem Punkte P'_i des Strahles L' entsprechende Differential der seitlichen Ablenkung.

Die hier auftretenden Höhenwinkel γ_i, γ'_i der Strahlen L, L' in den zugeordneten Punkten — bei der Steilsichtentheorie in den entsprechenden Punkten — P_i, P'_i stimmen bis auf einen relativen Fehler von der Ordnung G^1 überein. Wegen der Nachbarlage von P_i und P'_i gilt ähnliches — mit etwas geringerer Sicherheit vielleicht — auch für δ_i und δ'_i, so daß

$$\gamma'_i = \gamma_i(1 + G^1), \qquad \delta'_i = \delta_i(1 + G^1) \tag{153}$$

wird. Damit ergibt sich aus (152)

$$d\bar{\varphi}'_i = \frac{\delta_i}{\cos \gamma_i} \cdot d\varphi'_i(1 + G^1). \tag{154}$$

Nun ist nach Früherem sowohl bei der Steilsichten- wie bei der Flachsichtentheorie

$$d\varphi'_i = C' \cdot d\varphi_i(1 + G^1), \tag{155}$$

so daß das wagrechte Ablenkungsdifferential des Vergleichsstrahls L' schließlich die einfachere Form

$$d\bar{\varphi}'_i = C' \frac{\delta_i}{\cos \gamma_i} \cdot d\varphi_i(1 + G^1) = C' \cdot d\bar{\varphi}_i(1 + G^1) \tag{156}$$

annimmt.

Die seitliche Gesamtstrahlenbrechung, d. h. die Gesamtkrümmung der Grundrisse beider Lichtstrahlen L, L' wird daher für L

$$\varDelta\bar{\varphi}_{1m} = \int_1^m d\bar{\varphi}_i \tag{157}$$

und für L'

$$\varDelta\bar{\varphi}'_{1m} = \int_1^m d\bar{\varphi}'_i = C'(1 + G^1)\int_1^m d\bar{\varphi}_i = C' \cdot \varDelta\bar{\varphi}_{1m}(1 + G^1). \tag{158}$$

Aus der Differenz dieser Ausdrücke

$$\varDelta\bar{\varphi}'_{1m} - \varDelta\bar{\varphi}_{1m} = (C' - 1)\,\varDelta\bar{\varphi}_{1m}(1 + G^1) \tag{159}$$

folgt

$$\varDelta\bar{\varphi}_{1m} = \frac{\varDelta\bar{\varphi}'_{1m} - \varDelta\bar{\varphi}_{1m}}{C' - 1}(1 + G^1). \tag{160}$$

Der Zähler dieser Gleichung kann nach einer kleinen Umformung durch die Richtungsunterschiede $\bar{\varepsilon}'_1$, $\bar{\varepsilon}'_m$ der Strahlengrundrisse in ihren Endpunkten dargestellt werden. Sind $\bar{\varphi}_1$, $\bar{\varphi}_m$, $\bar{\varphi}'_1$, $\bar{\varphi}'_m$ die auf irgend eine gemeinsame Nullrichtung bezogenen Richtungen dieser Strahlengrundrisse in P_1 und P_m, so wird

$$\Delta\bar{\varphi}'_{1m} - \Delta\bar{\varphi}_{1m} = (\bar{\varphi}'_m - \bar{\varphi}'_1) - (\bar{\varphi}_m - \bar{\varphi}_1) = (\bar{\varphi}'_m - \bar{\varphi}_m) - (\bar{\varphi}'_1 - \bar{\varphi}_1) \qquad (161)$$

$$= \bar{\varepsilon}'_m - \bar{\varepsilon}'_1. \qquad (162)$$

Durch Einsetzen von (162) in (160) erhält man für die *gesamte Lateralrefraktion des Grundstrahles* L den Ausdruck

$$\Delta\bar{\varphi}_{1m} = \frac{\bar{\varepsilon}'_m - \bar{\varepsilon}'_1}{C'-1}(1+G^1). \qquad (163)$$

Praktisch wichtiger ist die Ermittlung der seitlichen Teilrefraktionen ξ_1 und ξ_m in den Beobachtungsorten.

Nach der Grundrißdarstellung Abb. 8 erhält man für die auf die Anfangstangenten $\bar{T}_1$, $\bar{T}'_1$ bezogenen Endpunktsordinaten die strengen Ausdrücke

$$\bar{y}_m = \int_1^m \sin\Delta\bar{\varphi}_{1i}\, d\bar{L}, \qquad (164)$$

$$\bar{y}'_m = \int_1^i \sin\Delta\bar{\varphi}'_{1i}\, d\bar{L}' = \int_1^i \sin\Delta\bar{\varphi}'_{1i}\, d\bar{L}, \qquad (165)$$

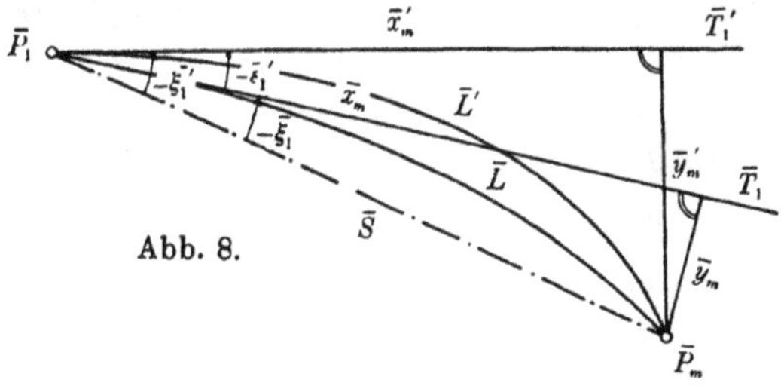

Abb. 8.

worin $d\bar{L}$, $d\bar{L}'$ die Horizontalprojektionen der Strahlenelemente dL, dL' und $\Delta\bar{\varphi}_{1i}$, $\Delta\bar{\varphi}'_{1i}$ die Richtungsänderungen der Strahlengrundrisse $\bar{L}$, $\bar{L}'$ von $\bar{P}_1$ bis $\bar{P}_i$ bzw. $\bar{P}'_i$ bedeuten. Wird die zu (158) analoge Beziehung

$$\Delta\bar{\varphi}'_{1i} = C' \cdot \Delta\bar{\varphi}_{1i}(1+G^1) \qquad (166)$$

in (165) eingeführt, so erscheint

$$\bar{y}'_m = C'(1+G^1)\int_1^i \sin\Delta\bar{\varphi}_{1i}\, d\bar{L} = C' \cdot \bar{y}_m (1+G^1). \qquad (167)$$

Durch entsprechende Subtraktion und Addition der aus Abb. 8 abzulesenden Gleichungen

$$-\sin\bar{\xi}_1 = \frac{\bar{y}_m}{\bar{S}}, \qquad -\sin\bar{\xi}'_1 = \frac{\bar{y}'_m}{\bar{S}} \qquad (168)$$

ergibt sich die strenge Beziehung

$$\operatorname{tg}\tfrac{1}{2}(\bar{\xi}'_1 - \bar{\xi}_1) = \operatorname{tg}\tfrac{1}{2}\bar{\varepsilon}'_1 = \frac{\bar{y}'_m - \bar{y}_m}{\bar{y}_m + \bar{y}'_m}\operatorname{tg}\tfrac{1}{2}(\bar{\xi}_1 + \bar{\xi}'_1). \qquad (169)$$

Hieraus folgt unter Berücksichtigung von (167) die Näherung

$$\bar{\varepsilon}' = \frac{C'-1}{C'+1}(\bar{\xi}_1 + \bar{\xi}'_1)(1+G^1). \qquad (170)$$

Bis auf einen relativen kleinen Fehler höherer Ordnung gilt nach der Abbildung

$$\bar{\xi}'_1 : \bar{\xi}_1 = \bar{y}'_m : \bar{y}_m = C' : 1. \qquad (171)$$

Die Einführung des hieraus folgenden Wertes

$$\bar{\xi}_1' = C' \cdot \bar{\xi}_1 \, (1 + G^1) \tag{172}$$

in (170) und die Auflösung dieser Gleichung nach $\bar{\xi}_1$ führt endlich auf den *Näherungsausdruck*

$$\bar{\xi}_1 = \frac{\bar{\varepsilon}_1'}{C' - 1} (1 + G^1). \tag{173}$$

Ganz entsprechend gilt

$$\xi_m = \frac{\bar{\varepsilon}_m'}{C' - 1} (1 + G^1). \tag{174}$$

Die zur Ermittlung der seitlichen Strahlenbrechung aufgestellten Beziehungen (163), (173), (174) sind als gute Näherungen zu betrachten. Ihre Genauigkeit dürfte aber hinter derjenigen der entsprechenden Ausdrücke (137), (148) für die Höhenbrechung zurückbleiben, weil durch die in (153) erfolgte Vertauschung von δ_i' mit δ_i, welche beide kleine Werte sind, eine geringe Unsicherheit hereingebracht worden ist.

Im übrigen gelten die für die seitliche Strahlenbrechung hier abgeleiteten Ergebnisse für beliebig geneigte — nur nicht für lotrechte — *Strahlen.*

9. Bestimmung der seitlichen Strahlenbrechung einer ebenen Lichtkurve aus der Bildebenenspur des Spektrums bei bekannter Höhenrefraktion. Kommt eine seitliche Strahlenbrechung hauptsächlich durch das Zusammenwirken von vielen lokalen topographischen Ursachen, durch häufigen Wechsel der Form und sonstigen Beschaffenheit des Bodens zustande, so ist für eine über solches Gelände streichende Sicht eine ziemlich unregelmäßig doppelt gekrümmte Lichtkurve zu erwarten, welche aus einer Ebene allerdings nur wenig heraustreten wird. Sind jedoch die Ursachen für eine Lateralrefraktion mehr *meteorologischer Natur*, so liegen bei konstantem seitlichen Temperatur- und Druckgefälle auf große Flächen hin gleichmäßige Verhältnisse vor; die Sicht verläuft in ihrer ganzen Ausdehnung in einem homogenen Refraktionsfeld und die Lichtkurve wird zwar nicht in der lotrechten Zielebene aber doch so nahe in einer sehr schwach geneigten Ebene liegen, daß die bleibenden, sehr kleinen Abweichungen davon vernachlässigt werden dürfen. In dieser schiefen Ebene liegen außer L auch die andersfarbigen Strahlen $L', L'', \ldots$, deren jeder durch den optischen Mittelpunkt O des Objektivs hindurchgeht und in der Fernrohrbildebene einen besonderen Spurpunkt bezeichnet. Die Gesamtheit dieser Punkte bildet die *Lichtflächenspur* s_m (Abb. 9), unter Lichtfläche den Inbegriff aller optisch oder photographisch wirksamen Strahlen zwischen P_1 und P_m verstanden. Eine Krümmung von s_m würde darauf hinweisen, daß die Voraussetzung einer zwischen P_1 und P_m ebenen Lichtfläche unzutreffend ist. Der Winkel δ_m, welchen die Lichtspur mit dem in einer Lotebene liegenden Vertikalfaden V einschließt, kann gemessen werden; es ist dies bis auf einen kleinen Fehler von der 2. Ordnung der Winkel, welchen die Strahlenebene mit der lotrechten Zielebene einschließt.

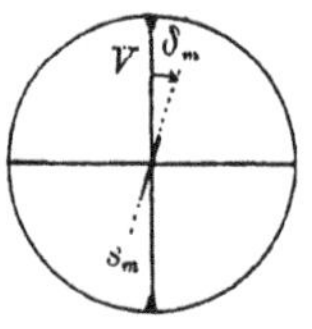

Abb. 9.

Zur Bestimmung des Tangentenwinkels $\bar{\xi}_m$ bei bekanntem δ_m und bekannter vertikaler Teilrefraktion ξ_m denken wir uns das Fernrohr auf P_1 eingestellt, so daß seine Zielachse in die Tangente T_m fällt. Bringen wir hierauf die um den optischen Mittelpunkt des Objektivs gelegte Einheitskugel mit den in Betracht kommenden Ebenen und Richtungen zum Schnitt, so ergibt sich das in Figur 10 dargestellte Bild. Hierin entspricht H_m dem Horizont des Beobachtungsortes und Z_m seiner Lotrichtung; S bezeichnet die unbekannte Sehnenrichtung $P_m\,P_1$, T_m die Richtung der Zielachse, γ_m ihren Höhenwinkel und s_m ist das Bild der schwach geneigten Strahlenebene, welches mit der Zielebenenspur V den Winkel δ_m einschließt. Die Projektionen des Bogens $S\,T_m$ auf H_m und V sind die gesuchte seitliche Teilrefraktion $\bar{\xi}_m$ und die Teilhöhenrefraktion ξ_m.

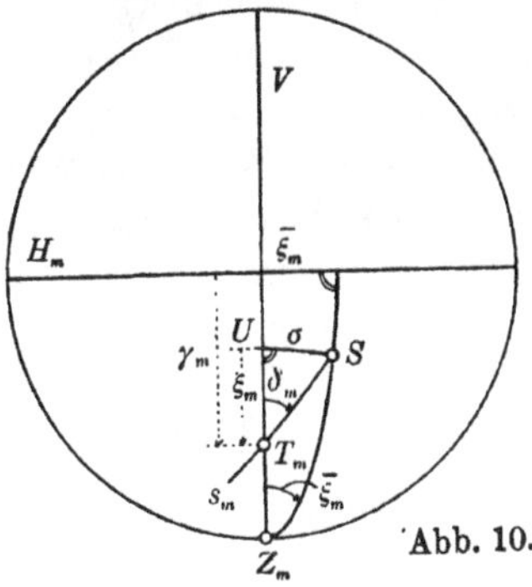

Abb. 10.

Aus den beiden rechtwinklig sphärischen Dreiecken $T_m U S$ und $Z_m U S$ erhält man

$$\operatorname{tg}\sigma = \operatorname{tg}\delta_m \cdot \sin\xi_m = \operatorname{tg}\bar{\xi}_m \cos(\gamma_m - \xi_m) \tag{175}$$

und hieraus folgt zur Bestimmung der seitlichen Strahlenbrechung $\bar{\xi}_m$ der *strenge Ausdruck*

$$\operatorname{tg}\bar{\xi}_m = \frac{\operatorname{tg}\delta_m \cdot \sin\xi_m}{\cos(\gamma_m - \xi_m)}. \tag{176}$$

Praktischen Zwecken genügt auch die aus (176) folgende *Näherungsbeziehung*

$$\bar{\xi}_m = \frac{\delta_m \cdot \xi_m}{\cos\gamma_m}(1 + G^1), \tag{177}$$

welche $\bar{\xi}_m$, ξ_m und δ_m im Bogenmaß enthält.

Für Beobachtungen von P_1 nach P_m gilt entsprechend

$$\operatorname{tg}\bar{\xi}_1 = \frac{\operatorname{tg}\delta_1}{\cos(\gamma_1 - \xi_1)}\sin\xi_1 \tag{178}$$

bzw.

$$\bar{\xi}_1 = \frac{\delta_1}{\cos\gamma_1}\cdot\xi_1(1 + G^1). \tag{179}$$

Die *seitliche Gesamtkrümmung* wird

$$\Delta\bar{\varphi}_{1m} = -\bar{\xi}_1 + \bar{\xi}_m = \left(-\frac{\delta_1}{\cos\gamma_1}\xi_1 + \frac{\delta_m}{\cos\gamma_m}\xi_m\right)(1 + G^1) \tag{180}$$

oder

$$\Delta\bar{\varphi}_{1m} = \frac{\delta}{\cos\gamma}(-\xi_1 + \xi_m)(1 + G^1) = \frac{\delta}{\cos\gamma}\cdot\Delta\varphi_{1m}(1 + G^1), \tag{181}$$

wenn in (180) die Winkel δ_1, δ_m und γ_1, γ_m durch gute gemeinsame Näherungswerte δ, γ, z. B. durch ihre arithmetischen Mittel ersetzt werden.

10. Zusammenfassung. Der Abschnitt A dieser Abhandlung befaßt sich mit der Ermittlung der lotrechten, terrestrischen Strahlenbrechung schwach geneigter Sichten bis zu mindestens 8° Höhen- oder Tiefenwinkel. Es wird gezeigt, daß sich unter wenigen, sehr plausiblen Voraussetzungen die vertikale Gesamtrefraktion $\Delta\varphi_{1m}$ und ihre Teilbeträge ξ_1, ξ_m durch die Richtungsunterschiede ε_1', ε_m', ε_1'', ε_m'' ausdrücken lassen, welche ein oder

mehrere Vergleichsstrahlen L', L'' von bekannter Wellenlänge mit einem Grundstrahl L von bekannter Wellenlänge bilden.

Die Untersuchung geht von der Vorstellung aus, daß in den lotrecht übereinander liegenden Punkten P_i (Grundpunkt), P'_i, P''_i (zugeordnete Punkte) der verschiedenfarbigen Strahlen L, L', L'' einigermaßen gleichartige physikalische Verhältnisse herrschen, welche durch einfache Beziehungen miteinander verknüpft sind. In den Strahlenendpunkten (Zielpunkt und Beobachtungsort) gilt dies trotzdem sie nahe der Erde in besonders stark gestörten Schichten liegen, weil der Abstand entsprechender Punkte außerordentlich gering ist und bei den in der Strahlenmitte auftretenden größeren Abständen, die aber auch nur in extremen Fällen einige Meter erreichen dürften, wird es zutreffen, weil diese Stellen hoch über dem Erdboden in viel gleichmäßiger gearteten Luftschichten liegen.

Eigentlich werden nur zwei wesentliche, durch die Gleichungen

$$T'_i = T_i + c_{1i}\,\Delta h'_i + c_{2i}\,\Delta h'^2_i\,, \tag{182}$$

$$c_{2i}\,\Delta h'^2 : c_{1i}\,\Delta h'_i = G^1 \tag{183}$$

ausgedrückte Voraussetzungen gemacht, welche die Art des Temperaturverlaufes mit der Höhe festlegen. T_i, T'_i sind die absoluten Temperaturen der Punkte P_i, P'_i und $\Delta h'_i$ gibt den Höhenunterschied $P_i\,P'_i$ an; die unbekannt bleibenden Koeffizienten c_{1i}, c_{2i} sind Funktionen des Ortes P_i. Die beiden Gleichungen (182), (183) besagen, daß die Temperaturänderung vom Grundpunkt P_i bis zum zugeordneten Punkt P'_i in der Hauptsache durch das in $\Delta h'_i$ lineare Glied dargestellt wird und durch das folgende in $\Delta h'_i$ quadratische Glied nur noch eine verhältnismäßig geringfügige Verbesserung erfährt.

Daneben fällt eine weitere, die Ergebnisse nur im Korrektionsglied beeinflussende Voraussetzung

$$\eta'_i = \eta_i + c_{4i}\,\Delta h'_i\,, \qquad c_{4i}\cdot \Delta h'_i = G^1 \tag{184}$$

kaum ins Gewicht. Hierin sind η_i, η'_i die Höhenwinkel der durch die Zielebene bestimmten Tangenten an die Flächen gleicher Brechung in P_i und P'_i.

Die Krümmung $\Delta\varphi_{1i}$, die Tangentenwinkel ξ_1, ξ_m, die Richtungsunterschiede ε'_1, ε'_m sowie die Höhenwinkelunterschiede $\Delta\gamma'_i = \gamma'_i - \gamma_i$, $\Delta\eta'_i = \eta'_i - \eta_i$ sind sehr kleine Winkel und werden als kleine Größen von der Ordnung G^1 betrachtet; dasselbe gilt für die Verhältnisse $\Delta T'_i : T_i$ und $\Delta B'_i : B_i$, wenn $\Delta T'_i$ und $\Delta B'_i$ die Temperatur- bzw. die Druckänderung von P_i bis P'_i bedeuten.

Im Laufe der Untersuchung wird auch eine etwa in vertikaler Richtung vorhandene Änderung der Luftzusammensetzung berücksichtigt und insbesondere auch gezeigt, daß ein in möglichen Grenzen erfolgender Wechsel der Luftzusammensetzung längs des Grundstrahles L auf die wichtigen Beiwerte C', C'' (siehe die Gleichungen (67), (74), (85)) keinen praktisch in Betracht kommenden Einfluß ausüben kann.

Nachdem die bemerkenswerten Hilfsbeziehungen (97) und (126) abgeleitet sind, findet man unter deren Mitverwendung als Hauptergebnis der ganzen Untersuchung die analytischen Ausdrücke für die vertikale Gesamtrefraktion $\Delta\varphi_{1m}$ und die Teilrefraktionen ξ_1, ξ_m des Grundstrahles. Sie sind in den Näherungen (137) und (148) bzw. in den schärferen

Gleichungen (143) bis (146) enthalten und stimmen mit den früher für die Steilsichten gefundenen Ergebnissen[1]) vollkommen überein.

Die gefundenen Formeln gelten auch für den besonderen Fall, daß auf einer längeren Strecke $P_i P_k$ bzw. $P'_i P'_k$, $P''_i P''_k$ weder der Grundstrahl L noch die Vergleichsstrahlen L', L'' eine Brechung erfahren. Sie versagen jedoch, wenn auf eine längere Strecke hin lediglich L in einer brechungsfreien Schicht verläuft, während die zugeordneten Strahlenstücke von L' und L'' gekrümmt sind.

Im Abschnitt B wird gezeigt, wie man die für Triangulierungen immer bedeutsamer werdende seitliche Strahlenbrechung für beliebig geneigte — nur nicht für lotrechte — Strahlen aus der Dispersion finden kann. Zunächst werden die zwischen der Lateralrefraktion und der seitlichen Farbenzerstreuung bestehenden, ganz der Höhenbrechung entsprechenden Beziehungen aufgedeckt und die Ausdrücke für die seitlichen Teilrefraktionen $\bar{\xi}_1$, $\bar{\xi}_m$ und die seitliche Gesamtkrümmung $\Delta\varphi_{1m}$ abgeleitet. Wegen der Geringfügigkeit dieser durch die Gleichungen (163), (173) und (174) dargestellten Beträge, welche von der Größenordnung G^2 sind, ist auf die Ermittlung von Korrektionsgliedern von vorneherein verzichtet worden.

Zum Schluß wird noch auseinander gesetzt, daß man für eine ebene Lichtkurve unter Voraussetzung eines ebenen Lichtkurvenbüschels bei bekannter Höhenrefraktion die seitliche Strahlenbrechung lediglich aus der Richtung der von der Lichtfläche erzeugten Bildebenenspur ermitteln kann. Die seitlichen Teilrefraktionen $\bar{\xi}_1$, $\bar{\xi}_m$ werden unter der getroffenen Voraussetzung durch die Gleichungen (176), (178) streng und durch (177), (179) in sehr guter Annäherung dargestellt. Für die Berechnung von $\bar{\xi}_1$, $\bar{\xi}_m$ ist es gleichgiltig, in welcher Weise die Höhenrefraktionen ξ_1, ξ_m ermittelt worden sind. Für praktische Zwecke wird es wegen der Geringfügigkeit der Lateralrefraktion wohl immer genügen, wenn die Höhenbrechung lediglich nach der Kreisbogentheorie, etwa noch unter Berücksichtigung der Tageszeit und der Meereshöhe berechnet wird.

Bei der Ermittlung der Höhenbrechung aus der vertikalen und der Lateralrefraktion aus der seitlichen Farbenzerstreuung sind jeweils kleine Beträge aus noch viel kleineren Beobachtungswerten zu berechnen. Dieser Umstand bringt eine ungünstige Fehlerfortpflanzung, welcher durch eine besonders scharfe Bestimmung der maßgebenden Richtungsunterschiede ε entgegengewirkt werden muß. Viel günstiger liegen die Verhältnisse für die praktische Durchführung des zuletzt angegebenen Verfahrens, im besonderen Fall eines ebenen Lichtkurvenbüschels die seitliche Strahlenbrechung aus der Richtung der Lichtflächenspur zu ermitteln. Es ist nämlich zweifellos leichter, die Richtung dieser Spur in der Bildebene mit hinreichender Genauigkeit zu bestimmen als in derselben genügend scharfe Abstandsmessungen auszuführen. Dazu kommt noch, daß bei dieser Methode vom Großen ins Kleine gearbeitet werden kann, da aus der größeren vertikalen Strahlenbrechung die sehr viel kleinere Lateralrefraktion abgeleitet wird.

Daß in allen Fällen eine Ultraviolett-Optik Verwendung finden muß, braucht kaum noch besonders erwähnt zu werden.

---

[1]) Siehe M. Näbauer, *Strahlenablenkung und Farbenzerstreuung genügend steiler Sichten durch die Luft.* Abhandlungen der Bayerischen Akademie der Wissenschaften, mathem.-naturwissensch. Abteilung, XXX. Bd. (1924), 1. Abhandlung.

Inhaltsverzeichnis.

www.ingramcontent.com/pod-product-compliance
Lightning Source LLC
Chambersburg PA
CBHW081428190326
41458CB00020B/6133
* 9 7 8 3 4 8 6 7 5 9 5 4 9 *